Gerald und Christine Reiner

Unser Hof

Vom Abenteuer aufs Land zu ziehen

Ulmer

Inhalt

Der Hof

Feld und Flur

Der Wald

Der Hof

Bauernhöfe sind regionale Spiegelbilder des Lebens und Wirtschaftens in und mit der Natur. Von jeher lässt sich das Zusammenspiel von Mensch, Nutztier und Landschaft an Aufbau und Funktion des Gehöfts ablesen.

DER HOF

Vom Landleben – Traum und Wirklichkeit

Der Begriff „Landleben“ weckt Assoziationen von frischer Luft, klarem Wasser und naturnahen Landschaften; von Wiesen, Wäldern und Feldern statt endloser Straßen und Häuserfluchten; von Traktoren und Landmaschinen statt verstopfter Autobahnen; von Hunden, Katzen und Pferden sowie Kuh- und Schafherden statt rastloser Menschenmassen.

„Jeder hat sein eigenes Bild vom Landleben. Es variiert je nach den eigenen Erlebnissen und der regionalen bäuerlichen Tradition, die wiederum durch die Wirtschaftsweise entsprechend der Landschafts- und Bodenform entstanden ist.“

Andere Regionen – andere Bauernhöfe

Der typisch niedersächsische Großbetrieb mit Zuckerrübenanbau, Getreide- oder Veredlungswirtschaft wurde über Generationen hinweg zusammengehalten und ausgebaut. Solche Höfe erlauben bis heute eine ertragreiche, international konkurrenzfähige Produktion.

Mittelgebirge

Eine ganz andere Vorstellung vom Landleben entstand in den bergigen Regionen. Die Bauernhöfe dort waren über die Jahrhunderte der Realteilung unterworfen, das heißt, die Betriebe schrumpften mit jeder Generation entsprechend der Zahl der Nachkommen. Hieraus entwickelte sich eine gänzlich andere Form des Landlebens: klein und differenziert, anstatt groß und spezialisiert, eher verträumt und romantisch besetzt – zumindest für den externen Betrachter.
Für den Landwirt, der unter diesen kleinbetrieblichen Produktionsbedingungen sein Auskommen erwirtschaften muss, ist das Leben dagegen wenig romantisch. Seine Felder sind klein und verstreut – doch seine Ernte unterliegt denselben Welt-

Alter Niedersächsischer Erbhof in typischer Fachwerkbauweise. Dieser Hof dient heute nur noch als Wohnsitz. Die Landwirtschaft ist längst in einen modernen Großbetrieb umgezogen.

Großer Schwarzwaldhof. Hier sind Milchvieh, Holzwirtschaft und Gastgewerbe in Familienhand.

marktpreisen wie die von Großbetrieben, auf riesigen Feldern fast schon vollautomatisch erzeugten Einheiten. Die Böden der Mittelgebirge sind meist wesentlich ertragsärmer. Dazu kommt, dass zu einem Hof oft Böden ganz unterschiedlichen Typs gehören. Diese verlangen unterschiedliche Bewirtschaftungsformen, etwa Ackerbau plus Weidewirtschaft, was einer Spezialisierung entgegenwirkt, die das Einkommen der Landwirte steigern könnte.

Die Rettung? Selbstvermarktung und Tourismus

Kleine ertragsarme Höfe kämpfen um ihre Existenz. Möglichkeiten zum Überleben sind bei Stadtnähe die Selbstvermarktung der Produkte oder die Übernahme sozialer Aufgaben. Doch dies spiegelt eine Art von Landleben vor, das so eigentlich schon lange nicht mehr existiert, denn die meisten Kleinbetriebe werden längst im Nebenerwerb geführt, weil sie kein adäquates Familieneinkommen mehr erwirtschaften. Die meisten von ihnen sehen ihrem Ende entgegen, weil die nächste Generation auf höhere Sicherheiten bauen muss. Ehemals lebendige Ortskerne

mit an die Region angepassten Fachwerkhöfen verschwinden – außer es ist noch rechtzeitig gelungen, die Region finanziell über den Tourismus aufzufangen.

Auch das Land selbst leidet

Ehemals wohlstrukturierte Dörfer wachsen durch Neubaugebiete und Industrieansiedlung zu einer amorphen Masse zusammen. Wertvolle Kulturdenkmäler sowie Natur- und Kulturräume gehen dabei verloren und mit ihnen Pflanzen, Tiere und ländliche Traditionen. Bauplätze scheinen uns wertvoller zu sein als Wiesen, Weiden, Wälder und Feuchtgebiete.

Kleine Höfe in einem typischen Mittelgebirgsdorf. Hier ist profitable Landwirtschaft kaum noch möglich.

Das Leben auf dem Hof, wie es einmal war

Es ist noch nicht lange her, da standen die heute bedrohten Höfe in vollem Leben. Die Arbeit war vielfältig und hart. Die Familien waren groß, die Aufgaben auf drei Generationen verteilt. Kinder wuchsen in den Hof hinein und lernten die für sie wichtigen Zusammenhänge und Arbeitsabläufe schon früh kennen. Der Schwerpunkt lag in der Versorgung der Tiere und Menschen und dem Anbau und der Einwerbung von Futter, Nahrung und Brennholz für die kalte Jahreszeit. Die Ställe der Tiere lagen in der Scheune. Dort standen auch das Fuhrwerk und die zur Futterbereitung notwenigen Geräte, wie Rübenhäcksler, Getreidemühle und Strohschneider. Heu und Stroh wurden täglich vom Scheunenboden heruntergeworfen.

Die Hühner machten am wenigsten Arbeit. Sie liefen überall auf dem Hof und im Garten umher. Ihre Eier stellten die wichtigste Quelle für tierisches Eiweiß dar. Sie waren unentbehrlich zum Backen. Die Ziegen wurden von den Kindern auf Brachflächen und Wegen geführt und gehütet. Das Gras der Wiesen war den Kühen vorbehalten.

Das Bestellen der Äcker, Einbringen der Ernte und von Brennholz war beschwerlich. Bis in den 1950er Jahren ein Trecker auf den Hof kam, wurden Pflug und Wagen von Pferden, Ochsen und sogar Kühen gezogen. Mit Rindern zu arbeiten war ungleich schwerer als mit Pferden, die aber konnte sich nicht jeder leisten.

Die Schweine wurden täglich mit Stroh eingestreut und mit Kartoffeln, Getreide und Speiseabfällen gefüttert.

Alles dreht sich um den Wasserkessel

Im Zentrum des Hoflebens stand ein holzbefeuerter Kessel. In diesem Universalgerät wurden die Kartoffeln für die Schweine gedämpft, regalweise Gläser mit Pflaumenmus und andere Konserven gekocht, Wellfleisch und Kochwurst bereitet, Brotteig geknetet – und die Kinder gebadet.

Neben dem Brot war Milch eine wichtige Fett-, Eiweiß- und Einnahmequelle. Die Kühe und Ziegen wurden zweimal täglich gemolken und jeder Haushalt stellte selbst Butter und Käse her. Spezialisierte Rinderbetriebe hielten Zweinutzungsrassen für Milch und Fleisch: Fleckvieh, Braunvieh, oder reine Milchrassen wie Deutsche Schwarzbunte oder Angler Rotvieh. Geschlachtet wurde selten: Je Jahr ein bis vier Schweine – jeder Braten war ein Festmahl.

Ab der Mitte des vergangenen Jahrhunderts löste der Trecker die beschwerliche Arbeit mit Zugtieren ab.

Einmal pro Monat wurde Brot gebacken, 15 Laib pro Familie – allerdings nicht auf dem Hof, sondern im Dorfbackhaus. Dort hatte man das Feuer besser unter Kontrolle. Die Brote wurden im feucht-kühlen Keller in einer mit Zink ausgeschlagenen Brotkiste aufbewahrt.

Alte Bauernhöfe – Aufbau und Funktion

In den alten Bauernhöfen lebten Mensch und Tier zusammen, mal mehr, mal weniger strikt getrennt. Die Grundform wurde über die Jahrtausende regional in verschiedene Richtungen abgewandelt und je nach Produktivität der Region als Ein-, Zwei-, Drei- oder Vierseitenhof aufgeführt. Beim typischen Mittelgebirgshof führte die Haustür zur Diele. Geradeaus ging es zur Küche, nach links zur vornehmen Stube, daneben zum Keller, der unter der Stube lag, oft mit Zugang vom Hof. Der erste Stock beherbergte die Schlafstube und eine Kammer. Der Boden wurde zum Lagern von Getreide und Wurstwaren genutzt.

Das Herz: Küche und Herd

Das Geschirr im Küchenschrank wurde von Generation zu Generation weitergegeben. Geheizt wurde – außer an Festtagen – nur die Küche. Als Zündholz diente Kienholz: harzreiches, gut abgetrocknetes Kiefernholz. Im Ofen prasselte und knisterte es; der Raum roch nach Rauch. Die Glut im Herd erlosch nie. Hier wurden mittags und abends Speisen zubereitet und Wasser warm gehalten. Solange noch über offenem Feuer gekocht wurde, hing der Kessel an einer Art Sägeblatt. Zum Anheizen wurde einfach „ein Zahn zugelegt".

Später kam ein vielseitiger Herd zum Einsatz: Heizung, Herdplatte, Backofen, Warmwasserbereiter und Warmhalteplatte in einem. Am schönsten war für die Kinder, wenn der Großvater im Winter davor saß, die Füße am Backofen, und Märchen erzählte. Obst, Kartoffeln, Eingewecktes, Wurst und alles andere, das kühl gehalten werden musste, wurde im Keller aufbewahrt. Größere Haushalte und Gaststätten hatten Kühlboxen. Diese wurden regelmäßig mit Eisblöcken befüllt, die von fahrenden Händlern angeboten wurden. Im Keller, direkt am Kamin war eine Räucherkammer eingelassen, außerdem gab es Mieten für Rüben und Kartoffeln und Regale für die Ernte aus dem eigenen Garten.

In Deutschland existiert eine herrliche Vielfalt an Hofausführungen, die aus der ursprünglichen, lehmgefüllten Holzkonstruktion weiterentwickelt wurden.

Die gute Stube wurde mit besonderer Aufmerksamkeit eingerichtet.

Die gute Stube und andere Räume

Sie wurde nur sonntags und zu Feierlichkeiten genutzt: Tisch und Stühle aus Nussbaum oder Eiche, ein Chaiselongue und ein schön gearbeiteter Schrank aus dessen Glasauslage das feine „Porzellan“ grüßte. Die Wände der Stube waren gekalkt und mit farbigen Mustern versehen. Darüber hingen Bilder mit biblischen Motiven oder Portraits von Verwandten. Vor dem Fenster stand eine aus Holz gefertigte Blumenampel. In einer Ecke wartete der Holzofen auf Anfeuerung.
Die einzige Ausstattung des Elternschlafzimmers bestand aus einem schweren Holzdoppelbett samt passendem Kleiderschrank und Spiegelkommode. Über dem Bett hing oft das übliche „Heilige Abendmahl“.
Die Stube für die Kinder lag über der Küche. Ein Badezimmer fehlte, Wasser gab es in der Küche. Die Toilette war über den Hof, bei den Schweineställen zu erreichen: Ein Holzkasten über der Güllegrube mit einem kreisrunden Loch – nichts für Menschen mit chronischen Leiden.

Im kleinen Garten vor dem Bauernhaus wuchsen meistens Blumen und einige Heil- und Küchenkräuter.

Schön, dass es so etwas noch gibt. Dieses Fenster ist eine Kostbarkeit, keine Massenware.

Im Dorf ist man nie allein

Was wäre das Dorfleben ohne die eng verwobene Nachbarschaft. Man kennt sich, freut sich miteinander und hilft sich gegenseitig. Auch in diesem Punkt ist die Zeit auf dem Dorf langsamer vorangeschritten als in der Stadt. Anonymität ist hier immer noch ein Fremdwort. Jeder leistet einen kleinen Beitrag zum dörflichen Miteinander. „Facebook“ auf Zuruf über die Straße, „Twitter“ am Hoftor. Ein lebendiges Dorf-Ambiente scheint nicht nur den Menschen zu gefallen. Störche, die geschätzten Glücks- und Babybringer kehren in die Dörfer zurück. Von den Gemeinden aufgestellte Storchennester und die Renaturierung unwirtschaftlicher Nutzflächen üben eine unwiderstehliche Anziehungskraft auf sie aus. Und davon hängt ab, ob Meister Adebar nachhaltig wieder eingebürgert werden kann.

Die Schafschur auf unserem Hof ist inzwischen ein Event. Alt und Jung sind gekommen, packen mit an und haben Spaß miteinander.

Störche leben in Saisonehe. Regelmäßig genutzte Storchenhorste können bis zu zwei Tonnen an Gewicht erreichen, da sie jedes Jahr mit Reisig neu bestückt werden. Die Zeit zwischen März und August reicht dabei gerade für die Aufzucht von drei bis vier Jungstörchen aus.

Bei uns werden die Schafe gemeinsam durchs Dorf getrieben und keiner stört sich an den Hinterlassenschaften auf der Straße.

Leben im Kulturdenkmal

Raus aus der Anonymität und Enge der Stadt. Unser Wunsch nach einem Leben auf dem Land wurde übermächtig. So begaben wir uns auf die Suche nach einem schönen, alten Fachwerkwerkhaus mit viel Platz und einem großen Garten. Das Angebot war vielfältig, scheiterte aber eigentlich immer an Detailfragen. Meist fehlte der Garten. An einigen Bauwerken hatte der Zahn der Zeit zu kräftig genagt oder sie waren durch Fehlsanierung entstellt. Schließlich fanden wir diesen Dreiseitenhof aus dem 18. Jahrhundert, der uns auf Anhieb gefiel: Wohnhaus, Nebengebäude, Scheune und der ersehnte große Garten. Das alles im Ortskern und dennoch auf drei Seiten durch Bäume abgeschirmt – eine Insel.

„Was für ein Haus: zu Zeiten Mozarts und Katharina der Großen aus Eichenholz und Lehm errichtet. Vier Dynastien hatten hier gelebt und sicher könnte es jede Menge Geschichten erzählen."

1780 wurde es zunächst als kleines Wohnhaus mit Stall und Scheune errichtet und Anfang des 19. Jahrhunderts erweitert. Größe und Baustil des Gehöfts spiegeln den langsamen, aber stetigen Niedergang der Landwirtschaft im 18./19. Jahrhundert in dieser Mittelgebirgsregion wider und damit den Übergang von der Agrar- zur Industriegesellschaft. Bereits Mitte des 19. Jahrhunderts wurde der Hof nicht mehr im Vollerwerb bewirtschaftet sondern diente dank seiner verkehrsgünstigen Lage um 1850 als Postpferdestation. Die Stube war als Gastraum eingerichtet. Später kamen die Haupteinnahmen von der Eisenbahn, die unweit entlang lief. Zeitweise wohnten in dem Haus bis zu zwanzig Personen. In den Jahren 1920 und 1970 wurde es teilsaniert. Danach lebten hier Studenten der nahen Universitätsstadt in Wohngemeinschaft. Als wir uns zum Kauf entschlossen, war der Hof

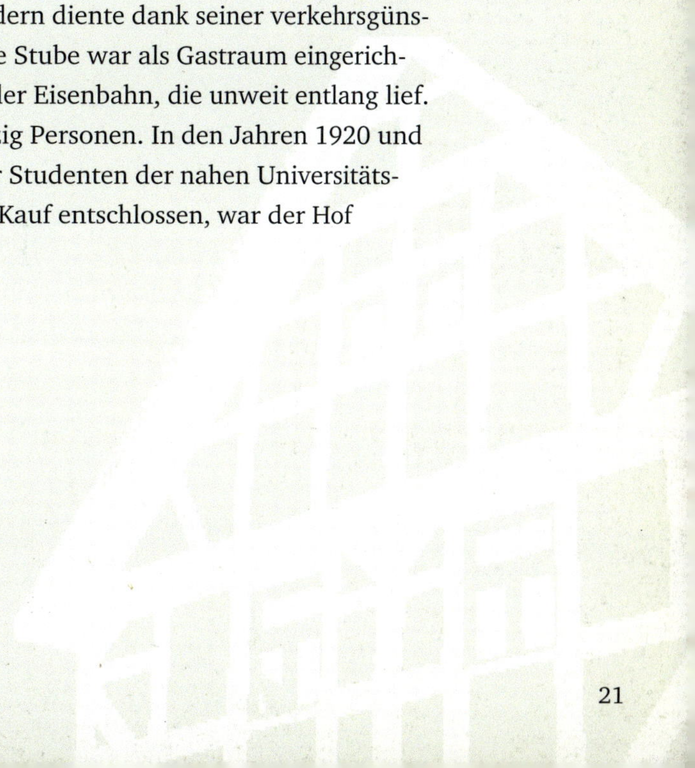

Wohnhaus, Scheune und Nebengebäude haben wir in Eigenregie instand gesetzt.

Die Gebäude waren bereits während des 19. und 20. Jahrhunderts sanierungsbedürftig. Schließlich wurde der Hof verschenkt, weil er der Besitzerin zu „alt" war (1913).

Ein Blick auf Scheune und Nebengebäude des Sanierungsobjekts zeigt massive Zerstörung durch Witterungseinflüsse.

bereits als Kulturdenkmal eingestuft. Es war uns klar, dass alle Sanierungsmaßnahmen von der Denkmalschutzbehörde überwacht und längst nicht alles Machbare erlaubt werden würde.

„Ein solches Haus von Grund auf entkernen und umkrempeln zu wollen, macht wenig Sinn. Wir haben es uns zur Aufgabe gemacht, diesem alten, liebenswerten Haus die Zuwendung zukommen zu lassen, die es verdient hat."

Die Zusammenarbeit mit den Fachleuten der Denkmalpflege war hervorragend. In enger Kooperation wurden eine kritische Bestandsaufnahme und Schadensanalyse durchgeführt und nicht mehr zu erhaltende Teile durch identische Materialien ersetzt. In erster Linie waren die Schäden an Balken auf Spritzwasser von kaputten

Regenrinnen zurückzuführen. Solche Balken ließen wir vom Zimmermann austauschen. Die Wände wurden mit Lehm und Schilfmatten gedämmt, die Außenfassade saniert und die Fenster stilgerecht erneuert.
Mit dem Wiedereinzug verschiedener landwirtschaftlicher Nutztiere – wenngleich meist in Miniaturform – haben wir das aufgegebene Gehöft revitalisiert und es erhielt seine Seele zurück. Am Ende wurden Gesamtkonzept und schonende Sanierung mit dem Hessischen Denkmalschutzpreis ausgezeichnet. Wir nutzen den Hof auch partiell als Gästehaus, vor allem für solche Besucher, die sich eine Verbindung zur Natur und Tierwelt wünschen.

„Wir lieben unser Haus und fühlen uns hier extrem wohl. Unsere Kaufentscheidung haben wir nie bereut."

Selbst stark geschädigte Fachwerkbalken ließen sich ohne allzu großen Aufwand austauschen. So blieb trotz Sanierung die Seele des Hofes erhalten.

Wie es zu „Haus Nelly“ kam

Am 1. März ist es dann soweit, der Tag der Schlüssel- und Eigentumsübergabe. Die Insel geht in unseren Besitz über. Es ist ein kalter Tag, aber dieses schöne Erlebnis lässt ihn uns warm erscheinen. Wir stehen mit den Eltern und unserem vier Monate alten Welpen Nelly im Hof und die Schwiegermutter sagt beim Sekt öffnen lachend: „Ich taufe dich auf den Namen Haus Nelly.“

Ein Jahr und viele Bauarbeiten später sitze ich auf dem Gemeindeamt, um die kleinen Appartements, die wir in die Scheune gebaut haben, offiziell als Bed and Breakfast anzumelden. Wie die Pension heißen soll, will der Beamte wissen … Darüber hatte ich mir gar keine Gedanken gemacht – aber es kommt mir diese Szene von vor einem Jahr in den Kopf und spontan sage ich: „Haus Nelly“. So wurde ein kleiner frecher Mischlingshund zur Namensgeberin eines Gästehauses, und stolz herrscht sie über ihren Hof. Sie ersetzt unsere Klingel – jeder Gast wird schon angekündigt, kaum dass der Wagen überhaupt in unsere Straße eingebogen ist … getreu ihrem Lebensmotto: „nur niemals nix anbrennen lassen“.

Der Wunsch, Gäste zu beherbergen entstand auf einer unserer vielen Reisen. Fahrradfahrer, die den Lahnradweg erkunden, Außendienstmitarbeiter, Montagearbeiter, Gäste aus der ganzen Welt finden bei uns Quartier, und so revanchieren wir uns für die großartige Gastfreundschaft, die uns selbst auf unseren Reisen immer zuteil wurde.

Unsere freche Mischlingshündin Nelly wacht über ihren Hof.

Nelly und Hunde an sich

Als ich vom Einkaufen nach Hause zurückkomme, begrüßt mich Nelly nicht wie sonst üblich. Ihre Mimik spielt das Programm „pures schlechtes Gewissen“. Ich befürchte das Schlimmste für den Kuchen auf dem Tisch, verwerfe den Gedanken aber sofort wieder, denn es steht ja in jedem Buch, dass man Tiere – und auch Hunde, nicht vermenschlichen darf…

Können sich Tier und Mensch überhaupt verstehen?

Mögen sich manche Verhaltensweisen und „Gefühlsäußerungen“ bei Mensch und Hund auch ähneln, sie haben miteinander nichts zu tun! Dieses Verständnis baut auf Traditionen, deren Wurzeln bis zum Alten Testament zurückreichen. Dort nimmt die Kluft zwischen Mensch und Tier ihren Anfang: *„Machet Euch die Erde untertan.“* Ein menschliches Selbstverständnis, das so nicht von allen großen Weltreligionen vertreten wird. Zeigt der Vergleich zwischen Mensch und Wirbeltier nicht den gleichen Grundbauplan? Klar, Fledermäuse fliegen mit ihren Vordergliedmaßen, Hunde rennen damit, Katzen fangen ihre Beute und Menschen stellen Werkzeuge her. Doch alles funktioniert nach denselben anatomischen und physiologischen Grundprinzipien.

Ganz ähnlich ist es mit dem Gehirn. Was Tiere wirklich denken, wissen wir nicht. Wir vermuten jedoch sicherheitshalber, dass es nicht allzu viel sein kann, denn Denken ist ja – spätestens seit dem Alten Testament – unsere Sache. Dabei versteht mein Hund mich besser als ich ihn. Er kennt die Bedeutung zahlreicher Worte, auch wenn ich sie ihm nicht beigebracht habe. Er versteht meine Mimik und Gestik in Sekundenbruchteilen. Die Bedeutung seines Schwanzwedelns und Gebells bleibt mir hingegen weitgehend verborgen – trotz meiner größeren Hirnmasse.

Unsere Fähigkeit, logisch zu denken hat sich erst zusammen mit dem jüngsten Gehirnteil, dem Großhirn entwickelt und macht zweifellos die Besonderheit des Menschen aus. Die wirklich überlebenswichtigen Dinge werden aber durch die vorgeschalteten, älteren Hirnareale gesteuert: Liebe, Hass, Angst, Hunger oder Durst. Und das geht über Gefühle – gegen die wir bei aller Logik oft nicht ankommen.
Wer will also ernsthaft anderen Wirbeltieren Gefühle absprechen, sie für zu primitiv erklären, um Gefühle zu empfinden? Wenn sich zwei Hunde auf der Straße begegnen, können sie nicht logisch über sich und den anderen nachdenken – das schaffen nicht einmal wir. Es ist ein Gefühl, das entsteht. Wir nennen es dann Sympathie oder Antipathie.

Unsere Hunde verstehen sich perfekt untereinander, wir sie auch?

... doch zurück zu Nelly

Ihre Körperhaltung, als wir uns auf dem Hof begegneten und die mein Gehirn sofort als „schlechtes Gewissen“ interpretierte, ließ mich meine Schritte beschleunigen. Und entgegen der Grundsätze des Alten Testaments fand ich auf der Küchenablage – nur noch ein paar Käsekuchenkrümel. So sind wir uns eben doch weit ähnlicher, als wir das im Allgemeinen wahrhaben wollen.

Hunderüden und das Unwiderstehliche

Nichts macht Rüden erfinderischer als der Duft einer läufigen Hündin. Selbst der älteste und ruhigste Zeitgenosse erwacht zu neuem Frühling, wenn der Stoff, aus dem Hundeträume sind, Methyl-para-Hydroxybenzoat, an die Rezeptoren seiner Riechschleimhaut anklopft.

Die Bildung dieses Stoffs wird letztendlich durch die Eizelle veranlasst, die befruchtet werden will – und es wirkt. Nebenbei bemerkt, der Stoff ist auch reichlich in Shampoos und Duschgels für Menschen enthalten. Das Verzeichnis der Inhaltsstoffe auf der Packung verrät es.

Leicht kurios wird es, wenn Rüde und Hündin zueinander finden wollen. Dabei sprechen wir nicht vom tagelangen Gebell und Geheul vor der Hoftür. Nehmen wir Ernie, einen 60 kg schweren, sechs Jahre alten Schäferhund-Bernhardiner-Mix. Eines Tages döste er im Flur, als „der Duft“ durch den Schlitz unter der Haustür an seine Nase gelangte. Als hätte er seit Jahren darauf gewartet, öffnete er mit seinem kräftigen Gebiss den runden Türknauf der Haustür und ein Hoftürchen, legte 1000 Meter Weg zurück, öffnete ein großes Hoftor und noch eine Stalltür und kam gerne dem Wunsch der Eizellen von Lisa nach. Dabei wurde er leider zu spät von Lisas Besitzer erwischt. Die Einnistung der befruchteten Eizellen zu verhindern, brachte Ernies Herrchen eine saftige Tierarztrechnung ein – die durch Ernies Kastration nur unerheblich verteuert wurde.

Wastl schlief wie immer auf der Couch – bis zu jenem verhängnisvollen Tag, als ihm der Wind frisches, methyliertes Hydroxybenzoat einer attraktiven Dackeldame zuwehte. Den Rest… na ja! Als Beweis konnten später noch Wastls Rückenhaare am Drahtzaun von Familie Frisch sichergestellt werden.

Die faulsten Schäfer haben die besten Hunde

„An den Schafen ist der arbeitsfreudige Border Collie in seinem Element. Die wichtigsten Vorraussetzungen für einen zuverlässigen vierbeinigen Mitarbeiter, sind eine gute Zucht und eine fundierte Ausbildung. Border Collies, die auf Arbeitsleistung gezüchtet werden, haben kein einheitliches Aussehen, aber das Bedürfnis, einer Hütearbeit nachzugehen, eint sie alle.“

„Bitte hier entlang, die Damen.“

Unsere bärtige Border-Collie-Hündin Lone.

Die Schafe haben ihre neue Wiese erreicht. Dank des Hundes hatten wir weniger Arbeit. Lone kümmerte sich um Nachzügler, hielt die Herde zusammen und vereitelte Ausbrüche in fremde Gärten.

Ein Bauernhof ohne Katzen … möglich, aber sinnlos

Ein leises Rascheln im Stroh, kaum wahrnehmbar, eine weiße Schwanzspitze windet sich, signalisiert höchste Konzentration der Trägerin. Sie sitzt geduckt, die Pupillen auf einen senkrechten Spalt verengt, die Schnurrhaare vibrieren. Plötzlich schießt die Katze vorwärts, die Pfoten nach vorn, die sonst in Taschen verborgenen, rasiermesserscharfen Krallen ausgefahren. Aus die Maus. Die Ernte ist gerettet. Deshalb gehören Katzen traditionell zum Hof. Hier leben sie ein scheinbar ruhiges und unscheinbares Leben. In Wahrheit sind sie eingebunden in ein festes soziales Gefüge mit Revieren und Rabauken, die es so mancher sanftmütigen Pfote schwer machen.

Katzen sind selbstständige Wesen mit eigenem Kopf: verschmust, verspielt und schwererziehbar. Das Pendant zum Hund. Gekrault werden kann für die Katze auch ganz nett sein, sie wird es mit Schnurren quittieren – zumindest solange sie sich die Ehre gibt. Dann und wann werden wir menschlichen Mitbewohner auch mal mit einer fetten Maus oder einer anderen Beute belohnt – gerne lebend! Katzen angeln am Koiteich des Nachbarn, können extrem mitteilsam sein und entwickeln ein untrügliches Gespür dafür, sich genau dorthin zu legen, wo sie am meisten im Weg sind. Ihr neugieriges Wesen bringt uns zum Schmunzeln. Stundenlang könnten wir jungen Katzen beim Spiel zusehen, wenn sie sich, völlig übertrieben anpirschen und den Sprung auf die Beute üben. Die Beute: die Schwanzspitze des Geschwisters.

Katzen leben auch gefährlich: Straßenverkehr, Krankheiten und aggressive Artgenossen setzen ihnen zu. Zum Ausgleich hat sie die Natur mit einer gesegneten Fruchtbarkeit ausgestattet. Doch es sollten nicht zu viele werden. Dann bleiben die Katzen eher gesund und wunderbare Weggefährten.

„Hunde haben Herrchen und Frauchen, Katzen haben Personal."

Das liebe Federvieh

Was gibt es Schöneres, als auf dem Land zu leben und eigenes Geflügel zu halten? Das Gackern und Schwätzen der Hühner, ihr sanftes Gemüt beruhigen und erhellen die Stimmung. Je nach Art und Größe der Haltung sollten es mindestens vier Hennen sein. Sobald sich eine stabile Hackordnung eingestellt hat, kommen die Tiere gut miteinander aus. Ein Hahn stabilisiert die soziale Ordnung. Ohne ihn gibt es keine befruchteten Eier und somit keine Küken. Sein frühes Krähen raubt allerdings den Schlaf und sorgt für missgestimmte Nachbarn.

Verrückte Hühner – nicht nur, aber auch. Über hundert verschiedene Rassen gibt es für die Hobbyhaltung: große und kleine, schlanke und puschelige, lang- und kurzbeinige, mit befiederten und nackten Zehen, und alle in vielen bunten Farben.

In ortsnahen Wohnlagen verzichtet man besser auf Hähne. Das Krähen fängt harmlos an, aber nach kurzer Anlaufphase durchdringt ihr Laut ab vier Uhr morgens ausdauernd selbst den tiefsten Schlaf.

Jeden Tag Ostern

Hühner legen auch ohne Hahn, und zwar in Serien von drei bis sieben Eiern: Jeden Tag eins und ein Tag Pause zwischen den Serien. Die Legeleistung der Hennen lässt mit den Jahren nach, dafür werden die Eier größer. Hühner mit weißen Ohrscheiben legen weiße, solche mit roten Ohrscheiben braune Eier, die Gefiederfarbe ist dabei ohne Belang. Araukaner legen grüne Eier, als Kreuzungshühner auch hellblaue oder olivgrüne und die Eier der Maranhühner sind von besonders dunklem Braun.

Die Dotterfarbe richtet sich allein nach dem Karotingehalt im Futter. Verschiedenfarbige Eier unterscheiden sich aber nicht im Cholesteringehalt. Nebenbei gesagt sind koronare Herzkrankheiten weniger eine Frage des Cholesteringehalts unserer Nahrung als der Qualität der Nahrungsfette. Hochungesättigte Fettsäuren etwa von Lachs und Geflügel senken den Cholesterinspiegel, gesättigte, vor allem von Rindfleisch steigern ihn.

Hühnereier können weiß, braun, dunkelbraun, grün oder gesprenkelt, groß oder klein, rund oder länglich sein, je nach Rasse und Alter.

Gänse können ziemlich respekteinflößend wirken, wenn sie hinter einem her sind und ersetzen so manchen Hofhund.

Was Hühner brauchen

Hühner unterzubringen, ist einfach. Eine kleine, marderdichte Voliere mit Hühnerhaus – Mindestfläche 1 m^2 – und ein Auslauf ab 2 m^2 genügen für vier Hühner. Weil sie den ganzen Tag in der Erde scharren, sieht man am besten einen eingezäunten Auslauf für sie vor. Essenziell für das Wohlbefinden der Hühner ist ein feines Sandbad in einer trockenen Ecke. Sitzstangen werden in der Voliere erhöht angebracht, dann fühlen sich die Vögel sicherer. Im Hühnerhaus wird, ebenfalls erhöht, zur Eiablage eine waagrechte Fläche mit Stroh geschaffen. Wasserspender und Futtertrog runden die Einrichtung ab. Engmaschiger Draht (< 12 mm) hält Nager vom Buffet fern.

Handelsübliches Fertighühnerfutter garantiert die perfekte Versorgung. Es enthält Getreide, Eiweißträger, Vitamine und Mineralstoffe sowie Grit aus Muschelkalk. Den brauchen die Hühner zum Zerreiben der Nahrung im Muskelmagen und zur Kalziumversorgung für die Eischalenbildung.

Küken ausbrüten

Für die Nachzucht holt man sich Bruteier oder Eintagsküken. Das Ausbrüten übernimmt die Glucke oder der Brutschrank. Die Brut dauert 21 Tage. Als Nestflüchter sind die Küken schon wenige Minuten nach dem Schlupf auf den Beinen. Es macht eine Riesenfreude, die wuseligen Kleinen bei ihren Ausflügen zu begleiten. Nach etwa einem halben Jahr wird die Hälfte von ihnen mit dem Legen beginnen – die andere Hälfte mit dem Krähen.

Gänse und Enten

Wassergeflügel bereichert einen Bauerngarten, vor allem wenn eine größere Wiese und ein Teich vorhanden sind. Natürlich gehaltene Gänse grasen praktisch den ganzen Tag. Sie sind extrem wachsam. Vor unbekannten, vermeintlichen Eindringlingen, warnen sie mit unüberhörbaren Rufen.

Laufenten sind etwas Besonderes. Ihr aufrechter Gang und ihr waches Wesen gibt ihnen etwas Drolliges. Außerdem besteht ein großer Teil ihrer Nahrung aus dem, was wir als Schädlinge in unserem Garten bezeichnen.

Laufenten beleben jeden Garten und halten ihn frei von Schnecken und anderen unerwünschten Mitessern an Gartenpflanzen.

Schweine auf dem Hof

Weil Schweine in Deutschland hauptsächlich in Ställen gehalten werden, wird man sich der weiten Verbreitung dieses landwirtschaftlichen Betriebszweiges selten bewusst. Die Einzeltiere sind nicht empfindlicher als früher, aber das Risiko der Einschleppung von Krankheiten stieg mit der Betriebsgröße an, daher die weitgehende Abschirmung der Bestände von der Außenwelt. Schweine zum „Anfassen“ findet man höchstens in kleinen Hobbyhaltungen.
Mastschweine hielt man als Resteverwerter früher oft nur zu zweit oder in kleinen Gruppen. Sie wurden über ein Jahr alt und fast 200 kg schwer. Heute schlachtet man sie mit knapp sechs Monaten und einem Gewicht von 110 kg. Vor 50 Jahren lieferten Schweine je kg Fleisch fast zwei kg Fett. Dieses war bei der körperlich arbeitenden Landbevölkerung sehr begehrt. Heute sind es noch 200 g – eine züchterische Anpassung der Tiere an die Bedürfnisse der Verbraucher von heute. Es ist ein Phänomen unserer Gesellschaft, dass tierische Lebensmittel wie Eier, Milch und Fleisch so wenig kosten. Der Landwirt erzielt jetzt für sein Schwein denselben Preis wie vor 50 Jahren. Futter- und Stallkosten sind aber um ein Vielfaches angestiegen. Damit die Betriebe überleben konnten, mussten die Tierzahlen und -dichten in gleichem Maße erhöht werden.

Wenn Schweine in Freiland gehalten werden können, gewinnen sie erheblich an Lebensqualität.

Sich suhlen und wühlen gehören für Schweine zum Wohlbefinden.

Im Sommer genießen sie die Abkühlung. So schön haben es allerdings die wenigsten Schweine.

Langweiliges Schweineleben

Die niedrigen Preise führen zur Eintönigkeit des Nutztierdaseins. Doch das fällt kaum auf, denn wer kennt schon das abwechslungsreiche Leben von Hausschweinen, die die Möglichkeit dazu haben? Stattdessen schleichen sich die in den vorherrschenden Haltungen gezeigten Lebensäußerungen als Maß in die Köpfe ein – der Rest gerät in Vergessenheit.

Sauen werden mit acht Monaten zum ersten Mal belegt, vom betriebseigenen Eber oder durch künstliche Besamung. Nach 115 Tagen kommen zehn bis 16 Ferkel zur Welt. Zwischen Sau und Ferkeln besteht bald ein inniges Verhältnis. Die Ferkel saugen stündlich und nehmen dabei in einer halben Minute 50 ml Milch auf. Hieraus ergibt sich eine Milchleistung der Sau, die dem Vergleich mit der Kuh standhält. Zwischen den Mahlzeiten schlafen die Ferkel zufrieden im warmen Ferkelnest. Mit vier Wochen werden sie von der Sau abgesetzt, in größeren Gruppen bis zur 12. Lebenswoche aufgezogen und dann in die Mast umgestallt. In diesem Altersabschnitt nehmen die Schweine täglich um 750 Gramm zu. Damit das Fleisch nicht nach Eber schmeckt werden die männlichen Ferkel kastriert. Noch ist offen, wie man den Schweinen diesen kurzen aber unangenehmen Eingriff künftig ersparen will.

Wie hält man solche Intelligenzbestien?

Wer seinen Hof mit Schweinen bereichern will, hat eine Reihe an Auflagen und gesetzlichen Bestimmungen zu beachten. Die Schweine müssen beim Veterinäramt und bei der Tierseuchenkasse gemeldet werden. Speiseabfälle dürfen nicht verfüttert werden, sie könnten gefährliche Seuchen übertragen. Metzger, die Hausschlachtungen durchführen sind selbst auf dem Land selten geworden.
Und die Tiere werden rasch sehr groß: Ein einjähriges Schwein wiegt rund 180 kg, eine ausgewachsene Sau über 200 kg.

Schweine sind neugierig, intelligent und dickköpfig. Sie erkennen schnell, was man von ihnen will – und machen dann genau das Gegenteil.

Es geht auch kleiner – unsere Minischweine

„Wer nicht genug Zeit und Platz für Hausschweine hat, sein Landleben aber dennoch mit diesen liebenswerten und pfiffigen Tieren bereichern möchte, der könnte auf Minischweine kommen, so wie wir. Auch wir haben auf unserem Hof eine kleine Sauerei."

Wiesenauer Minischweinchen, eine robuste Rasse mit hohem Wildschweinanteil, haben als erste Tiere nach Nelly unseren Hof belebt, uns von so mancher Arbeit abgehalten oder zusätzliche beschert, immer aber eine Riesenfreude bereitet.

Aus zwei mach viele

Als Stammeltern zogen Oscar und Paula zu uns. Paula war tragend und aus diesem Wurf haben wir Rita und Elvis behalten. Beide sind total zahm und lassen sich gerne die Speckschwarte kraulen. Später folgten noch Ursel und Mini. Mini war ein Kümmerling und musste mit Ferkelmilch aus dem Fläschchen großgezogen werden. Es lebte bis es stabil und über den Berg war, bei uns im Haus. Dort ging es brav aufs Katzenklo und kuschelte am liebsten mit unserer Hündin Lucy, die diesen kleinen merkwürdig grunzenden Hund sofort in ihr großes Hundeherz schloss.

Minipigs vertragen sich gut mit anderen Haustieren. Um sich richtig wohlzufühlen, sollten die Schweinchen aber immer mindestens zu zweit gehalten werden.

Minisauen sind liebevolle Mütter und äußerst fruchtbar. Neugeborene Miniferkel wiegen nur wenige 100 Gramm, aber nach ein bis zwei Jahren meist deutlich mehr als 30 kg!

Die geselligen Tiere sollten nicht alleine gehalten und Eber kastriert werden, denn die Fruchtbarkeit der Minipigs ist weit größer als die Nachfrage nach dem kleinen Borstenvieh. Auf unserem Hof wird es keine weiteren Ferkeleien geben. Das ist auf der einen Seite schade, denn so kleine „Steckdosen" groß werden zu sehen, war unbeschreiblich schön. Doch die richtigen Abnehmer für die Wutzelchen zu finden, war einfach zu schwer und ein Leben im Tierheim ist keine Alternative.
Was das Futter angeht, so brauchen Schweine tierisches Eiweiß – auch Minischweine. Deshalb sollten sie zur Ernährung unbedingt ein handelsübliches Schweinefutter bekommen. Das beugt Fehlernährung vor. Gutes Heu, Obst und Gemüse beschäftigen und sättigen, setzen aber nicht an. Vor dem Gesetz sind Minischweine und Hausschweine gleich, vor allem beim Tierseuchenrecht. Deshalb muss ihre Haltung beim Veterinäramt und der Tierseuchenkasse angemeldet werden.

Grenzen? Was ist das?

Das Flaschenkind Mini haben wir später mit den übrigen Schweinen vergesellschaftet. Kein einfacher Weg, aber wir sind froh ihn gegangen zu sein. Mini haust nun in einer Stall-WG mit Paula, Elvis, Rita und Ursel und fühlt sich dort sauwohl. Ein Leben in der Wohnung ist einfach nicht schweinegerecht. Tapeten und Teppiche können den Auslauf im Garten und die Gelegenheit zum Wühlen nicht ersetzen und besonders zur Rauschezeit werden die Minisauen gern auch ihrem Besitzer gegenüber etwas ungehalten.
Besonders auf die Sicherheit der Einfriedung des Auslaufs muss geachtet werden, denn Schweine sind begnadete Ausbruchskünstler. Mit ihrer enorm kräftigen Nackenmuskulatur können sie so ziemlich alles aushebeln, was nicht wirklich fest ist. Sie lernen, Hindernisse bis zu einem Meter Höhe überwinden, wenn es sich für die Umgebung lohnt. Wir wissen das aus eigener leidvoller Erfahrung. Blumenzwiebel-Arrangements werden besonders geschätzt. Ein liebevoll angelegtes Tulpenbeet, mit klammen Fingern im November, hat nie die Chance bekommen, im Frühjahr zu erblühen. Der alte Schwerenöter Elvis spürte bei einem seiner Ausbrüche alle 200 Tulpenzwiebeln auf, grub sie aus und vernichtete sie. Das tragen wir ihm, ehrlich gesagt, bis heute noch ein wenig nach.

Hat man alles richtig gemacht, bereiten Klein Wutz & Co. viel Freude, und der Hof wird auf klassische Art belebt. Unsere Minis sind jedenfalls die Stars. Sie bekommen täglich Besuch von Leuten, die stehen bleiben, um sich an der Schweinerei zu erfreuen.

Unterwegs mit Pferden

Die Pferde unserer Freunde, drei Vollblüter, stehen meist auf einer Weide ganz in der Nähe unseres Hofes. Im Gegensatz zum Rind zupfen Pferde das Gras mit den Schneidezähnen. Die Pflanzen werden dadurch besonders kurz abgeweidet. Während der Saison arbeiten unsere Freunde die Pferde jeden Tag auf einer kleinen Rennbahn. Derzeit wollen sie vor allem eine solide Kondition aufbauen. Ausritte ins Gelände sind dazu genau das Richtige und zugleich eine entspannende Abwechslung für uns. Also, nochmal die Sattelgurte anziehen, aufsitzen und wir setzen uns in Bewegung. Die Pferde sind aufgeregt, Gabella tänzelt, ihr Reiter hat alle Mühe, sie zu zügeln. Er hebt sich aus dem Sattel, um ihre Bewegungen auszubalancieren.

Heute ist ein kühler, grauer Herbsttag und es regnet. Wir tragen hohe Reitstiefel und Regenmäntel. Im Schritt geht es zunächst zu unserem Aussichtspunkt. Die Pferde sind ruhiger geworden, als wir dort ankommen. Bei schönem Wetter sind hier unzählige Hügelketten bis zum Horizont zu sehen, zuvorderst Dunkelgrün von Fichten, zuletzt dunstiges Blau. Kein Haus, soweit das Auge reicht, nichts was auf Zivilisation hinweist, nur Wald. Jetzt liegt dieses Panorama hinter Regenschwaden und tief ziehenden Wolken. Aber die Pferde kennen den Weg, saugen die feuchte Luft ein und schnauben. Schalom geht am langen Zügel und nutzt die Freiheit, um nebenbei Buchenblätter von den Zweigen zu zupfen. Bald lassen wir die Pferde antraben, um sie aufzuwärmen. Hierzu eignet sich der nächste Wegabschnitt besonders gut – tiefer sandiger Boden, geringe Steigung.

Die Seele des Pferdes will laufen

Ausritte genießen wir so oft wie möglich, im Sommer auch manchmal an den Fluss zum Baden.

Dieses Araberfohlen ist erst wenige Tage alt. Es ist zum Laufen geboren. Auf der Weide wird es langsam heranreifen, ohne die Gelenke zu früh zu stark zu belasten. Vollblutpferde werden mit zwei, Warmblüter mit drei Jahren eingeritten und ausgebildet.

Noch zweihundert Meter. Die Pferde wissen genau, wohin es jetzt geht. Gabella beginnt wieder zu tänzeln, versucht seitlich auszubrechen. Ihr Reiter hat Mühe, die Stute bis zur Abbiegung auf dem Weg zu halten. Die anderen Pferde benehmen sich kaum besser. Jetzt gibt es nur noch eins: Rennen. Anhalten wäre nicht mehr möglich – zumindest bei Gabella.

Wir heben uns aus dem Sattel und geben die Zügel frei. Der enorme Schub aus der Hinterhand katapultiert uns nach vorn. Regentropfen und der von den Hufen aufgeworfene Sand peitschen unsere Haut und die Augen. Der Weg rast mit 50 km/h vorbei. Er wird zum Tunnel. Die Umgebung verschwimmt. Etwa zwei Kilometer mit einigen imposanten Kurven, dann sind wir am Ende des Weges angekommen. Unsere Regenmäntel sind braun geworden, ebenso unsere Gesichter. Sand knirscht zwischen den Zähnen, alles ist klitschnass, Regen und Wind haben die Haare zerzaust. Aber es war wunderschön – das Gefühl der Geschwindigkeit, Pferd und Reiter, eine perfekte Einheit. Die Körper der Tiere sind nass vor Regen und Schweiß und dampfen. Vertrauter Geruch hüllt uns ein. Alle gehen nun am langen Zügel, recken die Hälse und weiten die Nüstern, sind vollkommen zufrieden. Zu Hause befreien wir die Pferde und uns erst einmal vom Sand. Dann führen wir sie noch eine Weile zum Abkühlen herum. Abgetrocknet bringen wir sie dann in ihren, mit frischem Stroh aufgefüllten Stall zurück. Noch ein kurzer Gesundheitscheck und sie dürfen zu Hafer und Heu, ihrem verdienten Abendessen.

Was kann schöner sein auf Erden, als vom Pferderücken solche Aussichten zu genießen?

Schwergewichtige Helfer – Kaltblutpferde

Erst im 19. Jahrhundert lösten Pferde das Rind als Arbeitstier in der Landwirtschaft ab. Sie waren teurer in Anschaffung und Unterhalt als Rinder und sie waren der Kriegsführung vorbehalten. Daher der späte Einsatz.
Und bereits nach hundert Jahren, einige ärmere Bauern arbeiteten immer noch mit Rindern, wurden sie von Traktoren verdrängt. Mit ihrer zwischen 1950 und 1970 rasch abnehmenden Bedeutung ging auch ihre Zahl stark zurück.
Die massigen Pferde erleben heute eine Renaissance. Zahlreiche Liebhaber widmen sich dem Erhalt der schönen Tiere. Fast 100 kg Gras oder 15 kg Heu und je nach Arbeitsintensität bis zu 6 kg Hafer am Tag kann so ein Kaltblüter verdrücken. Futterstroh zur freien Verfügung sichert die Aufnahme von genügend Rohfaser. Ihr Verdauungssystem ist auf viele kleine Portionen eingestellt. Zu hohe Energie- und Eiweißgehalte etwa auf zu fetten Weiden belasten den Organismus der Tiere, mit der Folge von Krankheiten wie Hufrehe.

Als Steppentiere verbringen Pferde mehr als den halben Tag damit, meist trockene und rohfaserreiche Nahrung aufzunehmen.

Eine lange Tradition und der Höhepunkt des Festzugs für das ganz Dorf und uns – der Brauereiwagen fährt an unserem Hof vorbei.

Kaltblüter gelten als frühreif und können schon mit zweieinhalb Jahren zur Zucht genutzt werden. Die Stute wird im Februar/März bedeckt. Das Fohlen kommt elf Monate später zur Welt und kann nach vier bis fünf Monaten, zu günstigen Weidebedingungen im Frühsommer abgesetzt werden.

Den Namen haben die Kaltblüter ihrem ruhigen Temperament zu verdanken. Mit 600 bis über 1200 Kilogramm zählen sie zu den Schwergewichten unter den Nutztieren. Dennoch führt die Bodenbearbeitung mit ihnen zu weit weniger Bodenverdichtung und Schäden als die mit den viel größeren und weniger wendigen Traktoren. So haben sich bis heute Arbeiten erhalten, in denen Kaltblüter dem Einsatz schwerer Maschinen vorgezogen werden, vor allem in Steillagen und im Waldbau. Um solche Leistungen erbringen zu können, müssen die Pferde auch außerhalb der Arbeitszeit viel Bewegung auf der Weide erhalten.
Trotzdem können die riesigen ökologischen Vorteile des Kaltblutpferdes im Allgemeinen nicht mit der, die Marktpreise bestimmenden Arbeitseffizienz und Schnelligkeit von Maschinen mithalten. Ihr Einsatz und ihre Erhaltung wird wohl weiterhin Liebhabern und Enthusiasten vorbehalten bleiben.

Die eigenwilligen Ziegen

Schafe und Ziegen werden oft in einem Atemzug genannt, doch könnten zwei Tierarten kaum unterschiedlicher sein. Schafe suchen die Anonymität der Herde: Nur nicht auffallen, lautet die Devise. Auch Ziegen sind wiederkäuende Herdentiere, aber extreme Individualisten und stets auf der Suche nach Unerreichbarem. Gras reizt die wählerischen Selektierer kaum. Sie suchen nach Kräutern, Büschen und Baumtrieben.

Es gibt zahlreiche Ziegenrassen in verschiedenen Farbschlägen wie beispielsweise die Thüringer Waldziege.

Wer hat den Bock zum Gärtner gemacht?

Dreiviertel meiner grauen Haare gehen auf das Konto unserer Ziegen. Mindestens! Ziegen können Gedanken lesen, Gespräche belauschen und wissen genau, wo sie den Menschen an einer empfindlichen Stelle treffen. Jedenfalls kann ich mir nicht anders erklären, wie es ihnen sonst immer wieder gelingt, aus ihrem Gehege, das inzwischen Alcatraz alle Ehre macht, auszubrechen, im Garten auf Wanderschaft zu gehen, um meine Lieblingsrose einem kräftigen Schnitt bis zwei Zentimeter über dem Erdboden zu unterziehen.

Neulich sagte ich zu meinem Mann: „Du, beim Ziegengehege ist der Draht etwas locker – es ist noch nicht schlimm, sie können da nicht raus, aber wir müssen das im Auge behalten.“ Höchstens zehn Minuten später waren die Ziegen ausgebüxt – nachdem sie erst diese undichte Stelle inspiziert und noch ein wenig nachgeholfen haben, um dann einfach durchzumarschieren. Das Resultat? Siehe oben: Kaputte Rose, graue Haare.

Mehrfach schon bin ich nach solch einer Aktion wutentbrannt an meinen PC und habe eine Online-Verkaufsanzeige erstellt: „Zwergziegen, handzahm, umständehalber abzugeben.“ Die Resonanz war immer sehr bescheiden. Wahrscheinlich haben Leute einfach zu viele Sorgen. Ein altes Sprichwort sagt nämlich: „Hast Du keine Sorgen, schaff Dir eine Ziege an.“ Jedenfalls meldete sich der erste potenzielle Käufer immer erst etwa vier Wochen nach Erscheinen der Anzeige. Mein Ärger war bis dahin längst verflogen, die Haare frisch getönt, die Rose mit zarten neuen Trieben. „Ziegen abzugeben? Nein! Das muss ein Missverständnis sein. Wir verkaufen doch unsere Ziegen nicht!“

Ziegen lieben krautreiche Standorte und sind deshalb in der Landschaftspflege sehr nützlich. Auch halten immer mehr Hobbylandwirte Ziegen zur Eigenproduktion von Frischkäse.

Eine Eigenart der Ziegen ist ihr penetrantes Nörgeln. Schmeckt das Heu nicht, weiß es bald die ganze Nachbarschaft. Trotzdem sind sie herrliche Geschöpfe. Ihre Augen verraten ihren wachen Geist und es macht Spaß, ihr intelligentes Treiben zu beobachten.

Beim Milchviehbauern

Als wir gegen halb sechs Uhr in der Frühe am Hof ankommen, herrscht schon eifriges Treiben. Die Bäuerin begrüßt uns, verpasst uns einen sauberen Overall und nimmt uns mit in die Melkkammer. Die Kühe warten brüllend am Eingang des Melkraums. Die Milch drückt. Der eigentliche Melkraum liegt 80 cm tiefer als die beiden Gänge in denen jeweils sechs Kühe zum Melken Platz finden.
Die Kühe finden selbstständig ihren Weg zu den Standboxen des „Fischgrätenmelkstands". Während sie sich über eine Kraftfutterration hermachen, präsentieren sie ihr Euter in bequemer Arbeitshöhe. Die vier Zitzen der ersten Kuh sind rasch gereinigt und ein paar Strahlen zur Kontrolle in eine flache Schale gemolken. Dieses Vormelken dient auch der Stimulation des Euters. Die Reize führen in der Hirnanhangsdrüse der Kuh zur Freisetzung von Oxytozin. Erst dieses Hormon lässt die Milch einschießen. Stress würde den Milchfluss behindern, deshalb herrscht im Melkstand immer eine ruhige und entspannte Atmosphäre für die Tiere.

Zwischen den Melkzeiten verwandeln die Kühe bestes rohfaserreiches Grundfutter in gehaltvolle Milch.

Die Bäuerin zieht eines der zwölf von der Decke hängenden Melkgeschirre herab, um die jeweils vier Melkbecher der Reihe nach ans Euter anzulegen.

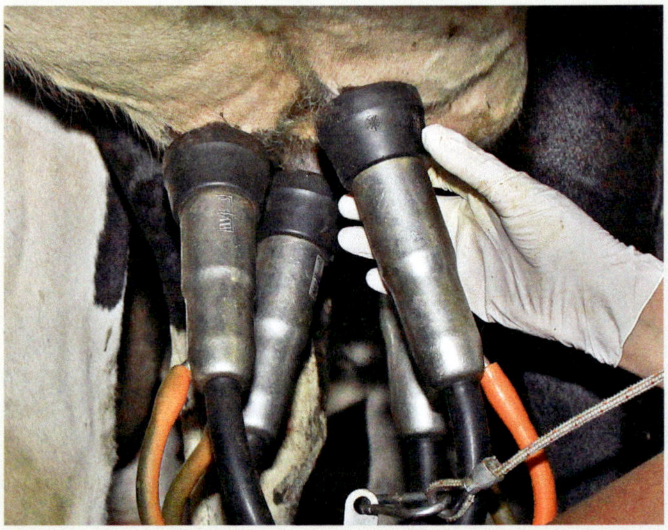

Deutlich hören wir beim Melken der Kühe den Takt der Vakuumpumpe: 50 bis 60 Mal pro Minute Vakuum und Entlastung – und schon füllen sich die durchsichtigen Schläuche mit Milch. Rasch sind alle Melkgeschirre angelegt – in acht Minuten werden jetzt 100 Liter Milch ermolken und registriert – letzteres ist wichtig für die leistungsangepasste Fütterung.
Stockt der Milchfluss einer Zitze, löst sich der Melkbecher selbsttätig ab. Die Zitzen erhalten noch einen Desinfektions-Dip und die Gruppe räumt den Stand für die nächsten Kühe. Nach drei Stunden sind alle einhundertfünfzig gemolken.

Wie die Milch zum Verbraucher kommt

Im Nachbarraum hat sich inzwischen der gekühlte Milchtank mit fast zweitausend Litern Milch gefüllt. Die Hälfte der Tagesration, denn am Abend, exakt zwölf Stunden später, wird sich die gesamte Prozedur wiederholen. So geht es bei den Milchviehbauern tagein, tagaus – das ganze Jahr über.
Alle zwei Tage wird die Milch von der Molkerei abgeholt und nach strengen Kontrollen zu pasteurisierter Milch, Molke, Butter, Joghurt und Käse verarbeitet. Jede einzelne Kuh trägt hierzu jährlich etwa 9000 Liter bei.

Mit größtem Appetit nimmt das neugeborene Kalb zehnmal täglich je einen Liter Milch auf.

Eine Tante holt das Kalb zum Trinken ab und bringt es zu seiner Mutter.

Keine Milch ohne Kalb

Kuhmilch dient von Natur aus der Ernährung – des Kalbes. Daher gilt: Keine Milch ohne Kalb! Erst mit der Geburt eines Kalbes setzt die Milchproduktion ein. Sieben bis elf Wochen nach der Geburt können die Kühe erneut tragend werden. In der Regel werden sie künstlich befruchtet. Dies steigert den Zuchtfortschritt und damit die Milchleistung. Nur so können die Betriebe trotz geringer Vergütung noch Milch produzieren.

Sechs bis acht Wochen vor der nächsten Geburt werden die laktierenden Kühe nicht mehr gemolken und die Milch versiegt. Mit der Geburt setzt dann die neue Laktation ein. In den ersten fünf Tagen nach der Geburt des Kalbes ist die Milch besonders reich an Antikörpern. Sie wird auch Biest- oder Kolostralmilch genannt. Diese Gemelke werden nicht für die menschliche Ernährung verwendet, sondern bleiben dem Kalb vorbehalten. Erst danach wird die Kuh wieder in die Milchviehherde integriert. Sie kann für ein neues Laktationsintervall von neun Monaten gemolken werden.

Milchkuh und Kalb werden schon am ersten Tag voneinander getrennt, und zwar bevor die Bindung zwischen beiden zu groß wird. Dies ist ein unvermeidbarer Nachteil bei der Produktion von Kuhmilch als Lebensmittel für uns Menschen.

Ab ihrer zweiten Lebenswoche werden die Kälber zu Gruppen zusammengestellt. Mit sechs Monaten werden sie als Jungrinder bezeichnet. Mit 2 ½ Jahren steht nach einer Tragezeit von neun Monaten die Geburt eines Kalbes, die erste Laktation und die Aufnahme der Kühe in die Milchviehherde an.

Wenn die Möglichkeit dazu besteht, werden die neugeborenen Kälber zwischen den Mahlzeiten abgelegt, zum Beispiel in einer Kleewiese.

Vom Gras zur Milch

Früher wurden Kühe in Anbindehaltung gehalten: Ohne Platz, ohne Bewegung und ohne Sozialkontakte. Heute leben die meisten Milchkühe in sogenannten Boxenlaufställen. Daneben erhalten immer mehr Herden täglichen Weidegang. Allerdings ist es damit allein nicht getan.

Rohfaser über alles

Der hohe Rohfasergehalt der Weidenahrung garantiert die gute physiologische Funktion des Wiederkäuermagens. Was an Energie und Eiweiß fehlt, bringen Grundfutter wie Maissilage und Rüben sowie spezielle Kraftfutter, hinzu kommen Mineralien und Vitamine.
Die Rohfaser wird von den Pansenbakterien zu kurzkettigen Fettsäuren gespalten. Die übrigen Nährstoffe werden, zusammen mit den Bakterien, im Labmagen aufgeschlossen, vom Darm resorbiert und in der Leber zu rinderspezifischen Eiweißen, Fetten und Kohlenhydraten aufgebaut. Über den Blutweg gelangen die Nährstoffe dann ins Euter und in die Milch – das sind dann 3,5 bis 4,2 % Fett, 3,5 % Eiweiß und 4,7 % Milchzucker.

Nicht einmal ein Drittel der für die Milchleistung einer Hochleistungskuh notwendigen Nährstoffe wird über Gras aus Weide, Heu, und Silage abgedeckt.

Schafstelzen profitieren von den beim Weiden aufgescheuchten Insekten.

Optimale Fütterung per Computer

Die Fütterung der Milchkuh ist eine Wissenschaft für sich. Ob es funktioniert, zeigt sich an Gesundheit, Fruchtbarkeit und Langlebigkeit der Kühe. Bei Energiemangel wandern Körperreserven in die Milch. Dadurch steigt deren Fettgehalt an, der Eiweißgehalt sinkt. Zu Beginn der Laktation lässt sich dieser Zustand nur schwer vermeiden, spielt sich aber bald ein. Um eine angepasste Futterration für die Kühe zu gewährleisten, werden die verschiedenen Futterbestandteile im Futtermischwagen vermengt: Jeder Bissen hochwertig und ausgeglichen. Die Kuh frisst täglich etwa 20 kg Maissilage, 10 kg Gras, 10 kg Rüben und 3 kg Heu. Die aufgenommenen Energie- und Eiweißgehalte reichen für etwa 15 Liter Milch, der Rest, noch einmal 5 bis 15 Liter, muss mit einem halben Kilogramm Kraftfutter je Liter Milch erfüttert werden. Dazu trinkt eine Kuh täglich zwischen 50 und 100 Liter Wasser.
In modernen Anlagen wird das Kraftfutter per Computer an Kraftfutterstationen individuell zugeteilt. Hier werden die Tiere über Mikrochips erkannt. Die zugeteilte Kraftfuttermenge richtet sich nach der Milchleistung, deren Werte beim Melken automatisch in das System eingespeist worden sind.

Bei allem Fleiß und Mühe, die Milchvieh und Bauer auf sich nehmen, bleibt am Ende kaum noch ein Verdienst. Immer höhere Anforderungen an Tier, Mensch und Betrieb haben zur extremen Intensivierung der Milchwirtschaft geführt.

Mutterkühe haben's besser

Im Gegensatz zur Weidehaltung von Milchvieh dient die Mutterkuhhaltung in erster Linie der Erzeugung von qualitativ hochwertigem Rindfleisch. Entsprechend kommen dafür meist spezialisierte Fleischrinderrassen zum Einsatz. Die Kühe werden nicht gemolken. Ihre Milch steht allein dem Kalb zur Verfügung. Weidequalität und Zufütterung bestimmen über die am besten geeignete Rasse. Schottische Hochlandrinder und Galloway sind am robustesten und kommen in der Regel ohne Zufütterung aus. Angus und Hereford stellen etwas höhere Anforderungen an die Qualität der Weide, während die großrahmigen Rassen wie Charolais oft zusätzliche Kraftfutterzulagen erhalten.
Meist sind es kleine Betriebe, die im Nebenerwerb Mutterkühe halten. Mutterkuhrassen geben etwa ein Drittel der Jahresmilchleistung einer spezialisierten Milchkuh. Dafür zeigen die Kälber hohe Tageszunahmen und entwickeln zartes, gut marmoriertes Fleisch. Das Kalb wird mit zehn Monaten abgesetzt und, je nach Rasse, mit zehn bis 18 Monaten geschlachtet. Vermarktet wird oft direkt ab Hof. So bleibt der Gewinn beim Erzeuger und der Verbraucher erhält frische Ware bester Qualität.

Galloway-Rinder gelten als besonders robust und können das ganze Jahr draußen gehalten werden. Dieses Kalb ist erst wenige Stunden alt und kam auf der Weide zur Welt.

Angus-Rinder zählen zu den mittelgroßen Fleischrindern. Ihr Fleisch ist von besonderer Qualität.

Die weißen Charolais-Kühe werden auch in Deutschland häufig als Mutterkühe gehalten. Erwachsene Bullen erreichen ein Gewicht von 1,5 Tonnen.

Wir finden Mutterkuhhaltung vor allem an Standorten mit Böden, die für eine intensive landwirtschaftliche Nutzung nicht geeignet sind. Die Landschaftspflege ist dabei ein wichtiger Nebeneffekt. Die Rinder halten die Flächen offen und fördern dadurch eine Vielzahl seltener Pflanzen.
Mutterkuhhaltung auf der Weide findet jedoch meistens nur während des Sommerhalbjahres statt. Außerhalb der Vegetationszeit bleiben die Tiere in geräumigen Laufställen. Diese Vorgehensweise ergibt sich aber mehr aus den Bodenverhältnissen und der Verfügbarkeit der Nahrung als aus Witterungsgründen, denn das Temperaturoptimum für Rinder liegt bei etwa 10 °C. Sie vertragen also Frost wesentlich besser als Hitze.
Da die Tiere im Freien weniger gut kontrollierbar sind als im Stall, wird bei der Zucht sehr viel Wert auf Robustheit, Leichtkalbigkeit und beste Aufzuchtleistung gelegt. Nur gutmütige Bullen werden als Vererber eingesetzt.

Unser bunter Bauerngarten

Zum Hof auf dem Land gehört für uns auch ein üppiger Bauerngarten. Typisch für diese Gärten ist die Kombination aus Nahrungspflanzen wie Gurken, Kohl, Erbsen, Bohnen, Zwiebeln, Möhren, Salaten, Beeren, Obst und Blumen wie Mohn, Calendula, Sonnenblumen und viele andere. Sinnvoll kombiniert, geben sich viele Pflanzen im Garten gegenseitig Schutz vor Schädlingen und reichern den Boden auf verschiedene Art mit Nährstoffen an.

Frisches übers ganze Jahr

Die Ernte des Gartens bereicherte den Speiseplan und sicherte der Familie schon immer die Mineralstoff- und Vitaminversorgung. Für den Winter wurden Obst und Gemüse eingeweckt. Kartoffeln kamen aus dem Garten oder vom Feld und wurden wie das Eingeweckte nach der Ernte im Keller eingelagert. Weiß-, Rot- und Spitzkohl wurden zerkleinert und mit Salz und Zucker versetzt. Durch mikrobielle Vergärung entstand daraus das vitaminreiche Sauerkraut. Steinobst und Beeren wurden meist zu Marmelade verarbeitet. Bohnen und Kräuter wurden getrocknet, Zwiebeln in trockenen Räumen hängend aufbewahrt. Äpfel, Birnen und Kürbisse konnten schon früher auch als ganze Frucht monatelang frisch gehalten werden. So war bis zur nächsten Ernte für eine ausgeglichene Ernährung gesorgt, denn Supermärkte gab es noch nicht. Oft finden sich in Bauerngärten noch alte Apfelsorten, die es sonst nirgendwo mehr gibt.

„Wer mich ganz kennen lernen will, der muss meinen Garten kennen, denn mein Garten ist mein ganzes Herz.“
Hermann von Pückler-Muskau

Mangold ist ein spinatähnliches Gemüse, das zur farbigen Vielfalt des Bauerngartens beiträgt.

Die auffallenden Blüten der Kapuzinerkresse geben Sommersalaten eine würzige Frische.

Bienenfleißig – Honig und mehr

Bienen und Hummeln sind ökonomisch bedeutsamer als alle anderen Nutztierarten zusammen. Ihre Leistung liegt in der Bestäubung von Blütenpflanzen. Gräser und Nadelbäume werden vom Wind bestäubt. Die meisten anderen Blütenpflanzen überlassen diese Aufgabe den Bienen – denn das spart Pollen. Bienenvölker bleiben, im Gegensatz zu anderen blütenbesuchenden Insekten, ihrer Lieblingsblüte treu. Hierdurch werden die Befruchtungseffizienz und damit auch die landwirtschaftlichen Erträge enorm gesteigert. Ohne Honigbienen gäbe es weder Obst noch Gemüse. Die ökologische Vielfalt ginge verloren, weil viele seltene Vogel- und Insektenarten auf Pflanzen angewiesen sind, die ausschließlich von Bienen bestäubt werden.

Bienenvolk: Erst viele sind eins

Honigbienen sind staatenbildende Insekten, ihre Völker zählen im Winter etwa 20.000, im Sommer 100.000 Mitglieder. Die Arbeiterinnen haben, je nach Alter, verschiedene Aufgaben. Zuerst reinigen sie Zellen für die Eiablage der Königin, dann ziehen sie die Larven groß, bauen Waben, werden zu Wächtern und schließlich zu Flugbienen, die Nektar, Pollen und Wasser sammeln. Sie leben im Sommer sechs Wochen, im Winter sechs Monate. Königinnen erreichen ein Alter von sechs Jahren, legen Eier und sorgen durch einen Duftstoff für den Zusammenhalt des Volkes. Drohnen, die männlichen Bienen, sind eine vorübergehende Erscheinung. Sie werden in der Schwarmzeit, vor allem im Mai und Juni, aus unbefruchteten Eiern aufgezogen und um die Sommersonnwende wieder aus dem Stock vertrieben, weil sie für die Fortpflanzung nicht mehr gebraucht werden. Pro Saison sammelt ein Volk über 200 kg Honig – das meiste davon für den Imker. Pro Kilo Honig sind 10 Millionen Blütenbesuche notwendig – 100 je Biene. Sie entfernen sich hierzu bis zu 6 km von ihrem Stock und finden in diesem Radius durch ihr Orientierungsvermögen wieder dorthin zurück. Füllen sich die Honiglager, teilen sich die Bienenvölker durch Schwärmen. Der Imker verhindert dies unter anderem, indem er regelmäßig Honig entnimmt und für den Winter als Ersatz Zuckerlösung reicht. Das Schwärmen wird durch volle Vorratslager ausgelöst, weil sich

Die Völker bauen frische Waben, die sie mit Honig und Pollen befüllen. Andere Waben dienen als Brutkammern. Von April bis Juli bereiten die Bienen Honig als Wintervorrat.

Einer für alle, alle für einen. Ein geniales System aus Informationsweitergabe, Pheromon- und Hormonwirkungen sorgt in einem Bienenvolk für reibungsloses und anpassungsfähiges Ineinandergreifen aller lebensnotwendigen Abläufe.

Das Bienenjahr beginnt im März. Auf blühenden Weiden finden die Bienen den ersten Pollen und Nektar im Jahr.

die arbeitslosen Arbeiterinnen der Aufzucht neuer Königinnen widmen. Dabei handelt es sich um Larven, die in speziellen, vertikal orientierten Zellen aufwachsen, in denen sie mit speziellem Futtersaft, dem Gelée Royale, gefüttert werden. Die frisch geschlüpfte junge Königin geht dann auf Hochzeitsflug und paart sich mit mehreren Drohnen. Diese Befruchtung reicht für die Eiablage ihres ganzen Lebens. Zur Brutzeit wird sie täglich über 2000 Eier ablegen und damit ihr Volk erhalten.

Brummende Informationsgesellschaft

Bei der Rückkunft zum Stock zeigen die Flugbienen mit einem spezielle Bewegungs- und Schwirrmuster, dem Schwänzeltanz, den Stockgenossinnen Richtung, Entfernung und Güte der zuletzt besuchten guten Futterquelle an. Je interessanter die Gesamtinformation ausfällt, desto mehr Bienen werden nun dorthin aufbrechen. So nutzen die Bienen eines der fundamentalsten logischen Prinzipien der Natur: Viele fliegen aus, wer die beste Richtung hatte, bekommt die meisten Nachahmer. In der Gesamtheit der Flüge eines Bienenvolkes steckt damit, bezogen auf die Ressourcen, ein exaktes Abbild der Umgebung.
Ab August bereiten sich die Bienen auf die Überwinterung vor. Während der brutlosen, kalten Zeit zieht sich das Volk zu einer Kugel zusammen und im Stock wird durch Flügelschwirren eine Temperatur von 20 °C aufrechterhalten. Als Treibstoff dazu dient der Honig, oder eben Zucker. Bei Frost bleibt diese Kerntemperatur innerhalb der Bienentraube erhalten. Durch ständige Umwälzung der Bienen von außen nach innen überleben fast alle. Ab Januar beginnt die neue Brutsaison. Jetzt wird die Stocktemperatur auf 35 ° C erhöht und der Kreislauf beginnt von neuem.

Vögel in Hof und Garten

Vögel im Garten erfreuen Sinne und Seele. Außerdem vertilgen sie Massen an Insekten. Ein reich strukturierter Garten mit einheimischen Gehölzen und Stauden bietet für jeden biologischen „Schädlingsbekämpfer“ die richtige Nische. Die Mehlschwalbe klebt ihr Nest außen an Häuser unter Dachvorsprünge und brütet in kleinen Kolonien. Mauersegler brüten in höher gelegenen Ritzen und Klüften an Häusern im Dorf und in der Stadt. Ihre schrillen Rufe und abenteuerlichen Flugmanöver gehören zum Sommer. Mauersegler kommen als letzte Anfang Mai aus ihrem Winterquartier und verlassen uns schon wieder Ende Juli. Diese Vögel leben in der Luft, schlafen sogar im Flug. Festen Boden berühren sie nur zur Brut und Aufzucht der Jungen.

Voller Zutrauen begleiten uns Amseln bei der Gartenarbeit, immer bereit, einen Wurm zu erwischen. Ihr Gesang gehört zu den schönsten und melodischsten Klängen – mit ihm zieht der Frühling ein.

Auch die grazile Bachstelze lebt gerne am Haus. Sie brütet unter dem Dachfirst oder in anderen Nischen, die nicht säuberlich verkleidet worden sind.

Nach dem Goldhähnchen ist der Zaunkönig der kleinste Vogel Europas. Nicht so seine Stimme! So laut, dass man sie ihm nicht zutrauen würde. Erkennungzeichen: die steil aufgerichteten Schwanzfedern. Er lebt in dichtem Buschwerk. Etwas ganz besonderes ist sein kugelrundes Nest aus Laub und Moos.

Endlich Sommer: Die Rauchschwalbe ist am engsten mit dem Menschen assoziiert. Seit Jahrtausenden nutzt sie Ställe und Scheunen als Unterschlupf und jagt in Hof, Garten und Feld nach fliegenden Insekten.

Wenn die Märzsonne ihre ersten warmen Strahlen schickt und der zweisilbige Gesang der Kohlmeise erklingt, wissen wir, der Winter ist vorbei. Kohlmeisen füttern ihre Jungen kurz vor dem Ausfliegen im Zweiminutentakt mit Schnäbeln voller Insekten. Biologischer Pflanzenschutz!

Heimliche Untermieter

Ein gut strukturierter Garten zieht buntes Vogelvolk an. Manche singen bis in den späten Abend; dann wird es ruhig. Die Akteure wechseln. Die Schleiereule wird aktiv. Als echter Kulturfolger verbringt sie den Tag im Schutz dunkler Dachböden und Scheunen. Auch die meisten Säugetiere sind nachts unterwegs: Nagetiere, Insektenfresser und Raubtiere wie Iltis und Wiesel, die kleineren Verwandten des Marders. Noch in der Abenddämmerung erscheinen die ersten Fledermäuse wie aus dem Nichts. Spalten in Mauern, kaputte Ziegel und Nistkästen bieten ihnen Zufluchtsorte für den Tag.
Der Igel bahnt sich den Weg durch dichte Hecken und meistens sieht man ihn nicht. Aber man hört ihn! Seine lauten Schnüffel-, Schmatz- und Schnarchgeräusche klingen fast etwas ungehörig, wenn er im Garten nach Insekten, Schnecken und Äpfeln sucht. Sein Stachelkleid hat Nachteile: Es beherbergt Tausende kleine Plagegeister – und es schützt nicht vor Autos.

Größere Höfe bieten Füchsen gute Möglichkeiten. Zwischen gestapelten Rundballenreihen lassen sich die Jungen bequem aufziehen. Sie lernen früh, was es auf dem Hof so alles zu holen gibt. Hühner und Kaninchen gehören zum Leidwesen der Bauern auch dazu.

Eichhörnchen sind tagaktiv. Trotzdem bleibt ihre Anwesenheit verborgen, solange sie in den dichten Haselsträuchern und Bäumen Deckung und Auskommen finden.

Unter Räubern

Der Steinmarder hat sich auf dem Heuboden eingerichtet. Hier kann er den Tag ungestört verschlafen. In der Dämmerung jagt er nach Nagetieren und schlafenden Vögeln. Auch Hausgeflügel kann schon mal auf seiner Speisekarte landen, wenn es nicht gut weggeschlossen wurde. Im Sommer und Herbst frisst der Marder auch gerne Obst. Geruch eines anderen Marders vom gleichen Geschlecht macht den mürrischen Einzelgänger wütend, besonders wenn er ihn wiederholt in der Nase hat. Mancher Autofahrer, der zwischen zwei Marderrevieren, etwa Wohnung und Büro pendelt und mit jeder Fahrt fremden Mardergeruch ins Revier mitbringt, muss sich nicht über zerbissene Zündkabel und andere Schäden wundern. Es kann kein Zufall sein, dass der Fuchs in allen Kulturen für Schläue und Weisheit steht. Dass diese zunächst positiven Eigenschaften als List und Verschlagenheit auch ins Negative abrutschen können, ist typisch abendländisch.

Von der antiken Fabel bis zum Märchen verkörpert der Fuchs stets kluges, wohlüberlegtes Handeln. Er nutzt diese Klugheit, um in Not Geratenen zu helfen, aber auch, um mehr oder weniger arglistig seine eigene Haut zu retten. Manche Dichter unterstellen ihm sogar gemeinen Verrat. Diese Listigkeit scheint bis heute untrennbar mit seinem roten Fell verbunden und es spiegelt über die Jahrhunderte das Bild des frustrierten Tierhalters und Jägers, der seine Hühner und Gänse an den Fuchs verloren hat, ihm selber aber nicht habhaft werden konnte.

Tausendsassa auf sanften Pfoten

Füchse kommen fast überall zurecht, auch in der Stadt. immerhin können sie dort kaum bejagt werden und finden Nahrung und Unterschlupf in Hülle und Fülle. Man könnte den Fuchs als Allesfresser mit Vorliebe für Mäuse bezeichnen. So ist sein Tisch immer gedeckt und die Ernte der Bauern durch die dezimierte Mäusepopulation gesichert. Obwohl dem Rotrock massiv nachgestellt wurde, um die Tollwut einzudämmen, haben sich die Bestände erhalten. Doch die Verluste unter Jungfüchsen sind erheblich, vor allen durch Straßenverkehr und Jagd. Während der vegetationslosen Zeit lebt der Fuchs einzelgängerisch und zieht sich tagsüber in einen seiner verschiedenen Baue zurück, oft ehemalige Dachsbaue. Steht das Gras erst hoch genug, bleibt er, abgesehen von der Jungfuchsaufzucht, den ganzen Tag draußen.

Feld und Flur

Was der Hof vorgibt, zeigt sich auch in der Landschaft – intensive Agrarproduktion auf Kosten von Natur und Kultur, Verdrängung durch Zersiedlung oder – ein verträgliches Miteinander von Nutzung und Natur.

FELD UND FLUR

Kulturland, Naturland – wie geht beides?

Jeder, der auf dem Land lebt oder es vorhat, wird außerhalb der Stadt ganz unterschiedliche Landschaftstypen vorfinden. Meistens sind es in irgendeiner Weise landwirtschaftlich genutzte Flächen. Völlig oder weitestgehend sich selbst überlassene Naturlandschaften gibt es nur in rigoros geschützten Gebieten wie Nationalparks.

Doch die Zeit der Produktionssteigerung um jeden Preis in der Landwirtschaft ist vorbei. Wir sind uns bewusst geworden, dass es heute um Qualität und Nachhaltigkeit geht, wollen wir eine gesunde Natur und Zukunft haben. Wir können es uns als Gesellschaft leisten, subobtimale Standorte, an denen sich also ein Anbau nicht lohnt, in ökologische Inseln zu verwandeln.

In den vergangenen Jahren wurden viele Feuchtgebiete und scheinbar nutzloses Ödland renaturiert. So sind ökologisch wertvolle Naturreservate mit höchster biologischer Vielfalt entstanden. Lebensraum für weit mehr seltene Pflanzen und Tiere, als wir es uns vorstellen können, denn viele der natürlichen Zusammenhänge kennen wir noch gar nicht – selbst vor unserer eigenen Haustür.

Wir sehen, dass es möglich ist, dass Natur- und Kulturräume ineinander greifen und in direkter Nachbarschaft bestehen können. Die Natur zu schützen, ganz unabhängig vom vielzitierten Nutzen im Sinne der Wertvorstellung unserer Konsumgesellschaft, sollte deshalb an allererster Stelle stehen. Jede Freifläche, die zugebaut wird, fehlt. Und die Folgen davon lernen wir erst langsam zu verstehen.

Intakte Lebensräume können dort entstehen, wo sich Gehölze, Hecken, Äcker und Weiden abwechseln und keine großen Flächen mit Monokulturen existieren. In gewachsenen Dörfern, weiter weg von stark besiedelten Gebieten, ist dies oft noch der Fall.

Schafe und Ziegen mit der ihnen eigenen, typischen Art zu weiden, halten Wiesen frei und verbreiten Pflanzensamen. So sorgen sie nachhaltig für die Erhaltung der Artenvielfalt der Landschaft.

Wo Wiesen mit einem breiten Heckenstreifen an Wald grenzen, entstehen Biotope für vielerlei Tier- und Pflanzenarten.

Voller Leben – Feuchtgebiete

Sie zählen zu den artenreichsten und damit ökologisch wertvollsten Landschaften – aber auch zu den empfindlichsten. Denn in den Nahrungsketten reichern sich Giftstoffe an, Grundwasserspiegel sinken durch den steigenden Wasserbedarf für Mensch und Industrie, Gewässer eutrophieren durch Eintrag von Düngern aus der Landwirtschaft. Feuchtgebiete werden trockengelegt. Solche Szenarien führten vor allem während der 1970er Jahre zum Artenrückgang.

Man denkt um. Aus unwirtschaftlichen Nutzflächen und als Ausgleichsflächen entstehen heute wieder neues Brachland und Feuchtgebiete. Das Ausbringen von Düngern und Umweltgiften wird überwacht und durch fortschrittliche Technologien reduziert. Wiedererweckte Auwälder bieten viele neue ökologische Nischen und daher auch einen hohen Artenreichtum. Seltene Pflanzen- und Tierarten kehren zurück und siedeln sich in den Biotopen an.

Über dem Schilfgürtel jagt die seltene Rohrweihe insbesondere nach Singvögeln und jungen Wasservögeln. Ihr Nest baut sie am Boden im Schilf, nahe am Wasserspiegel.

Diese gebänderte Prachtlibelle hat erst vor wenigen Tagen ihr räuberisches Larvenleben unter Wasser gegen das eines wendigen Luftpiraten eingetauscht.

Die mit dem Maiglöckchen verwandte Iris oder Sumpfschwertlilie ist eine Pflanze der Feuchtgebiete. Mit ihren spezialisierten Wurzelrhizomen übersteht sie Trockenheit, festigt sie den Boden und kann sich vegetativ ausbreiten.

Die Zahl der Haubentaucher hat wieder zugenommen. Sie brüten auf Schwimmnestern im Schilf. Mit etwas Glück kann man ihr interessantes Balzverhalten beobachten. In den ersten Tagen nach dem Schlüpfen tragen sie ihre Jungen auf dem Rücken.

Die Ringelnatter ist auf komplexe Feuchtgebiete angewiesen und daher nicht häufig anzutreffen. Sie braucht Sonnenplätze, Höhlen zum Überwintern und eine intakte Umwelt, in der sich ihre amphibische Nahrung gut vermehren kann. Ihre Lieblingsspeise sind oft Erdkröten. Sie jagt mit den Augen und ihrem Geruchssinn. Beim Züngeln bringt sie Duftmoleküle zur Analyse ans Jakobson´sche Organ im Bereich des Gaumens.

Einst Sinnbild einer vom Aussterben bedrohten Tierart, profitiert das Blaukehlchen besonderes von der Renaturierung.

Der Eisvogel braucht klare Gewässer. Nur dort kann er seine Beute, vor allem kleine Fische wie Stichlinge, Moderlieschen, Elritzen und andere Wasserlebewesen sehen. An belasteten Gewässern überlebt er nicht und auch Verluste in harten Wintern setzen der Population des fliegenden Edelsteins heftig zu. Sein Name hat nichts mit gefrorenem Wasser zu tun, er leitet sich vom altgermanischen Wort für „glitzern" ab.

Die Wasseramsel ist der beste Anzeiger für ökologisch intakte Bäche. Am wichtigsten für sie sind die Larven der Köcher-, Stein- und Eintagsfliegen – die empfindlichsten Vertreter der Bachgesellschaft. Verschmutzung und zu viel Sediment reduzieren diese Kleinlebewesen und verdrängen damit auch die Wasseramsel.

Lebendige Hecken

Große, freie Agrarflächen mit Anbau in Monokultur sind anfällig für Schädlinge und Krankheiten. Biologische Schädlingsbekämpfer können sich dort nicht ansiedeln. Wildtiere und Vögel finden weder Deckung noch Möglichkeiten zum Nestbau. Außerdem fegt der Wind ungebremst übers Land, knickt Getreidehalme und vertreibt die leichte, mineralische Bodenkrume. Hecken verhindern dies, bieten einer großen biologischen Vielfalt Schutz und sorgen für funktionierende natürliche Zusammenhänge in Feld und Flur. Hecken sperren den Wind und verhindern die Bodenerosion. Richtig angelegt, wird jede Hecke zum Biotop für hunderte Arten verschiedenster Insekten, Vögel und Säugetiere. Jede von ihnen kann dabei als potenzielle Antwort auf Schädlinge angesehen werden.

Die Hecke muss artenreich aus einheimischen Pflanzen aufgebaut sein, mit niedrigen Brombeerbüschen und Heckenrosen in der Randzone, gefolgt von Weiß- und Schwarzdorn, Holunder und Pfaffenhütchen. Im Kern stehen niedrige, früchtetragende Bäume, vor allem Vogelbeeren, Haselnuss, Wildkirsche, Hainbuche und Ahornarten.

Der Schwarzdorn oder Schlehdorn stellt ein ökologisches Kleinod für die Landschaft dar. Die weiße Blütenpracht erscheint vor den Blättern und bedient ab März zahlreiche Insektenarten mit Nahrung. Kriechwurzeln und lange Dornen führen schnell zu einer undurchdringlichen Hecke, in der zahlreiche Wirbeltiere Unterschlupf und Nahrung finden. Die Schlehe ist die Stammform der Pflaume.

Der Kuckuck findet für seine Brut in der Hecke ein gemachtes Nest nebst Pflegeeltern. Nur ein Ei pro Nest, eine sehr kurze Brutzeit und die Angewohnheit des Kükens, die übrigen Eier aus dem Nest zu werfen, stellen die Aufzucht des viel zu großen Pflegekindes sicher.

Kaum ein Vogel ist so sehr an die Hecke angepasst wie die Nachtigall. Es ist ein Glücksfall, sie so freizügig wie hier zu sehen.

Zu den zahlreichen Brutvögeln in Hecken zählt auch der Dompfaff. Er richtet sein Nest in den unteren Etagen, etwa einen Meter über dem Boden ein.

Der laute, klare Gesang der Nachtigall hat den ansonsten unscheinbaren Vogel berühmt gemacht. Will man ihn live hören, muss man umfangreiche Hecken mit dichtem Unterholz, Krautschicht und Falllaub aufsuchen. Man hört sie dann schon von weitem aus dichtem Gezweig trällern; zu Gesicht bekommt man sie jedoch nur selten. Der Bestand der Nachtigall hängt unmittelbar mit der Verfügbarkeit geeigneter Hecken zusammen.

Der seltene Rotrückenwürger legt sich in Schwarz- und Weißdornhecken seine Vorratskammer an, indem er alles was er vom Insekt bis zum Jungvogel oder zum Mäusenestling erbeutet, bis zum Verzehr auf Dornen aufspießt. Dieses Verhalten hat ihm den Namen „Neuntöter“ eingebracht. Man findet diesen Vogel nur in offenen, reich strukturierten Heckenlandschaften.

Trotz seiner auffälligen Zeichnung bleibt der Rotrückenwürger in der Hecke gut verborgen.

Die Hecke ist Rückzugsgebiet, Kinderstube und Speisekammer in einem, ein blühendes Biotop – ganz abgesehen von der optischen Wirkung in der Landschaft.

Das Jahr in der Natur

Frühlingsboten

Bereits am Ende des Winters schiebt das Schneeglöckchen Triebe und Blüten aus dem Schnee. Daher ist es als Frühlingsbote sehr beliebt. Seine Energie entnimmt es der Zwiebel. Ein grüner Fleck in der Blüte führt Insekten zum Nektar. Die Samen werden von Ameisen verbreitet. Das zu den Hahnenfußgewächsen zählende Buschwindröschen überzieht ab März die lichten Waldböden. Es entnimmt die dafür notwendigen Nährstoffe seinem Wurzelspeichersystem. Bei aller Wohltat fürs Auge: Das Pflänzchen ist giftig. Auch das Scharbockskraut gehört zu den Hahnenfußgewächsen. Es beteiligt sich mit dem Buschwindröschen an der zeitigen Krautschicht der Eichen- und Buchenwälder. Der Wald-Sauerklee hat in seinem Rhizom genügend Energie gespeichert, um sich schon vor dem Austreiben der Bäume ab April zu entwickeln und zu blühen. In Eichen- und Buchengesellschaften fühlt er sich auch im Schatten der großen Bäume wohl.

Im Februar blühen die ersten Weiden. Sie werden von Hummeln, Wild- und Honigbienen bestäubt. Der Pollen der männlichen Kätzchen bildet ihre erste Nahrungsgrundlage im Jahr.

Zu den Allerersten gehört auch der Huflattich. Die Blüten versorgen zahlreiche Insekten. Die Blätter kommen erst später. Huflattich ist extrem anspruchslos und wird als Arzneipflanze z. B. gegen Husten genutzt.

Der Waldboden ist im zeitigen Frühjahr von zahlreichen Frühblühern krautig überzogen. Am weitesten verbreitet sind Buschwindröschen und Scharbockskraut.

Sommerwiese

Längst ist der Frühling vorbei, die Bäume haben Laub, die Tiere Nachwuchs, das Jahr hat Fahrt aufgenommen. Es gibt Blumen und Kräuter in Hülle und Fülle. Jetzt ist die Zeit der Insekten, von denen es besonders die Schmetterlinge sind, die uns in ihren Bann ziehen. Unter allen Schmetterlingen erreicht der Zitronenfalter mit einem Jahr das höchste Lebensalter. Den Winter übersteht der Falter mithilfe von Frostschutzsubstanzen. So gehört er schon zu den ersten Frühlingsboten.

Der Schwalbenschwanz ist einer unserer auffälligsten Schmetterlinge. Von April bis September besiedelt er in bis zu drei Generationen Grünland und Trockenrasen. Die Raupen ernähren sich vorwiegend von Doldengewächsen.

Bienen und Hummeln

Sie sind für die Bestäubung von Wild- und Kulturpflanzen von enormer Bedeutung. In Tomaten und Gurkenkulturen werden Hummeln eigens hierzu gezüchtet und eingesetzt. Die Ackerhummel reicht mit ihrer langen Zunge bequem an den Nektar des Wiesen-Storchschnabels. Ihre Nester entstehen in Erdlöchern oder Vogelnestern. Vom etwa hundert Individuen umfassenden Volk überstehen nur wenige befruchtete Weibchen den Winter.

Schon früh im Jahr unterwegs und durch ihre dichten Härchen gut gegen Kälte geschützt, die Pelzbiene. Sie nistet in Gärten gern in Insektenhotels und mit der Bestäubung im Rotklee sorgt sie für eiweißreiches Futter für Milchvieh.

Seinen Teil zur Bestäubung der Wiesenblumen trägt auch der Dickkopffalter bei. Irgendwie scheint der Rüssel mit dem Blütenstand der Distel nicht ganz zurechtzukommen. Dieser Falter liebt kalkhaltige Wiesen, seine Raupen ernähren sich von Gräsern.

Neben Bienen und Hummeln beteiligen sich eine ganze Reihe von Insekten an der Bestäubung, wenn auch weniger effizient. Die Rotgefleckte Raupenfliege ernährt sich von Pollen und Nektar, ihre Larven von Getreideschädlingen wie Zünslerraupen.

Kornblumen wachsen nur, wo die Felder nicht zu stark gedüngt wurden. Bestäubt werden sie unter anderem von Erdhummeln.

Kaisermantel und Kleiner Heufalter, auch Kälberauge genannt, kommen sich selten so nah. Der Nektar der Witwenblume scheint beiden zu schmecken. Die Raupen des Kaisermantels sind nachtaktiv und ernähren sich hauptsächlich von Veilchen, die des Kleinen Heufalters leben von Gräsern.

Die Wespenspinne kommt nur an wärmeren Standorten vor. Charakteristisch ist der Zickzackfaden, der ihr Netz durchzieht. Sie ist auf Heuschrecken spezialisiert und baut ihr Netz daher nah über dem Boden. Heuschrecken müssen stets auf der Hut sein, denn sie sind eiweißreich und im Sommer und Herbst eine wichtige Nahrungsgrundlage für viele Tiere.

Die schwarz-gelbe Warnfarbe der Raupe des Braunen Jakobskreuzkrautbärs zeigt deren Giftigkeit an. Sie ist auf das toxische Jakobskreuzkraut spezialisiert und nutzt das mitgefressene, sich in ihrem Körper ansammelnde Gift als Schutz.

Herbstlaub

Nach dem Sommer legen uns die Bäume in verschwenderischer Pracht ihre Blätter zu Füßen. In allen Farben beschreiben sie das Werden und Vergehen der Natur. Die Vielfalt ihrer Formen zeigt uns die Verwandtschaft der Bäume untereinander und ihre Jahrmillionen andauernde Weiterentwicklung zu neuen Arten.
Vielleicht liegt gerade darin die Faszination der vielen Blattformen. Sie entstehen nach denselben, allgegenwärtigen Naturprinzipien, mit denen auch unser Gehirn Ideen und Lösungen erzeugt: Variation schaffen, ausprobieren am Objekt und verwerfen dessen, was am wenigsten funktioniert.

„Selbst der Aufbau des einzelnen Blattes folgt demselben fraktalen Grundprinzip wie unsere Anatomie und unser Denken. Buntes Herbstlaub ist also nicht einfach nur schön, sondern es zeigt uns die Ästhetik der Naturgesetze, auf denen auch wir selbst beruhen."

Der Umgang der Bäume mit ihren Blättern scheint verschwenderisch. Doch die regelmäßige Erneuerung dieser äußerst technologisierten Photosyntheseorgane garantiert hohe Leistung und eine lange Lebenszeit des Baumes. Sind die ausgedienten Blätter abgeworfen, finden sich bereits neue Blattanlagen in den Knospen, die die Energieversorgung des Baumes im nächsten Jahr sicherstellen werden. Während sich in den Organen der Tiere mit den Jahren Funktionsmängel anhäufen, verfügen Bäume Jahr für Jahr über neue Organe – oft über Jahrtausende hinweg.

Winter auf dem Land

Weiden und Felder ruhen unter einem dicken Schneepolster, es isoliert Pflanzen und Tiere vor der Kälte. Im Frühjahr, ab Temperaturen von 5 bis 8 Grad Celsius, werden die Pflanzen wieder wachsen, als sei nichts geschehen. Rehe leiden unter den bald verharschenden Schneeflächen. Mit wunden Klauen scharren sie nach geeigneten Grünpflanzen, das Laufen fällt von Tag zu Tag schwerer.

Mäuse suchen unter dem Schnee nach Samen und Wurzeln. Sie sind zu dieser Jahreszeit hervorragend vor ihren natürlichen Feinden aus der Luft geschützt. Bussarde, Turmfalken, Eulen, Käuze und Graureiher können die Mäuse unter dem Schnee nicht erreichen. Nur der Fuchs kann die Mäuse durch den Schnee hindurch hören und fangen.
Viele Waldvögel ziehen jetzt ins Dorf, dort ist ihr Überleben dank Winterfütterung sicherer. Ödland mit Disteln und anderen hartstengeligen Pflanzen hilft den Vögeln durch den Winter, weil sie in den vertrockneten Blüten vom letzten Jahr noch Samen finden. Sonst ernähren sie sich hauptsächlich von Baumknospen, auch solchen von Obstbäumen. Der Dompfaff erweist sich als besonders eifriger Gärtner, er sorgt in gewisser Weise für einen natürlichen Baumschnitt.

Die Ackergeräte haben Winterpause und wirken fast malerisch unter dem Schnee.

Ein Schneeeinbruch hat unsere Schafe und uns völlig überrascht. Innerhalb einer Stunde waren alle eingeschneit. Nur – die Schafe hatten ihre Wintermäntel dabei …

Unsere Nutztiere wie Pferde, Rinder, Ziegen und Hausgeflügel leben im Winter hauptsächlich im Stall. Die Schafe kommen in der kalten Jahreszeit auch draußen gut zurecht, wenn sie mit Wasser und Heu versorgt werden und einen Unterstand zur Verfügung haben. Ihre dichte, fettreiche Wolle schützt effizient vor Kälte und Nässe.

Von der warmen Stube aus die Vögel am Futterhaus zu beobachten, ist für uns eine der schönen Seiten des Winters.

Ein Weihnachtsabend

Die Sonne ist lange untergegangen. Doch der Himmel leuchtet warm vom Licht der Stadt, das von den schweren Schneewolken und der weißen Landschaft reflektiert und vom heftigen Schneetreiben noch verstärkt wird. Zu gerne wüssten wir jetzt, welche Kreaturen sich in der dicht von Brombeerranken durchzogenen Weiß- und Schwarzdornhecke aufhalten. Dass sie auch jetzt von Leben erfüllt ist, wird uns der nächste Morgen durch verräterische Spuren im Schnee zeigen. Das Dickicht bietet Unterschlupf für Kaninchen, Rehe, Füchse, Igel, Mäuse und Wiesel. Im Sommer ziehen hier Rotrückenwürger ihre Brut auf und Zauneidechsen recken sich in der wärmenden Sonne.

Der Wind pfeift und wirbelt Schneekristalle umher, sonst ist kein Laut zu hören. Vor der kleinen Fichtenansammlung, in denen Dompfaffen, Amseln und Meisen leben, steht ein alter Bauwagen. Er gibt ein hübsches Bild ab mit seinem halbrunden Dach, dem Schornstein und dem Schaf, das aus der Tür schaut. Es sieht dem Schneetreiben eine Weile zu, springt dann hinaus und gesellt sich zu seinen Kumpanen im Freien. Unsere kleine Schafherde hat hier ihr Winterquartier und erwartet uns schon. Während wir ihre Futterraufe mit frisch duftendem Heu füllen, knackt es im Schnee hinter uns. Unsere drei Border Collies gehen in geduckter Haltung auf die Schafe zu, hoffen auf einen Arbeitseinsatz. Aber es gibt heute nichts für sie zu tun.

Wir schauen noch einmal in die Runde und nehmen die Winternacht mit allen Sinnen auf. Wir hängen eine Weile Erinnerungen nach – an Menschen und Ereignisse … Dann fahren wir zurück – nach Hause.

Wolliges und Drolliges

Es ist März; die Tage sind noch unbeständig, doch die Schafe erwarten nach 145 Tagen Tragezeit die Geburt der Lämmer.
Eine Besonderheit bei den Schafen ist ihre zuverlässige Fruchtbarkeit. Die Lämmer werden im Frühjahr geboren, wenn saftiges Grün sprießt und Nahrung im Überfluss zur Verfügung steht, die Brunst- und Deckperiode liegt deshalb bei den meisten Schafrassen im Herbst. Streng saisonale Schafrassen wie Texel und Heidschnucken sind nur von September bis Dezember aufnahmebereit. Die meisten Fleischschafrassen haben von August bis Januar Saison. Die asaisonalen Merinoschafe können das ganze Jahr über bockig werden.
Während der Brunstzeit steht der Bock mit den Mutterschafen auf der Weide. Er prüft flehmend ihren Geruch, um den optimalen Befruchtungszeitpunkt zu finden. Ein einziger Bock reicht zur Befruchtung von zwanzig bis fünfzig Schafen aus.

Geruch, Stimme und Aussehen prägen die Mutter-Kind-Beziehung, die mindestens für vier bis fünf Monate aufrechterhalten wird.

Außerhalb der Brunst leben die Böcke als Junggesellen zusammen. Sie können es kaum erwarten, ab Herbst auf die Schafkoppeln aufgeteilt zu werden.

Neugeborene Lämmer suchen instinktiv nach dem Euter. Sie brauchen so schnell und so viel wie möglich Biestmilch. Abwehrstoffe darin schützen die Lämmer gegen in ihrer Umwelt vorhandene Keime. Ohne sie kann das Lamm nicht überleben.

Letztlich wird die gesamte Reproduktion von der Eizelle gesteuert. Zunächst produziert sie Östrogene, um ihre Reifung abzuschließen und die anstehende Befruchtung vorzubereiten. Nur unter Östrogeneinfluss finden sich Schaf und Bock überhaupt anziehend. Mit dem Eisprung sorgt die Eizelle dann für das Schwangerschaftshormon Progesteron. Es stellt den Körper auf die Trächtigkeit ein. Vorbei ist es mit dem Verliebtsein, der Bock wird wieder ignoriert.

Gegen Ende der Trächtigkeit greift die befruchtete Eizelle – inzwischen zum Lamm herangereift – erneut in die hormonelle Trickkiste. Die Geburt wird vorbereitet, die Wehen können einsetzen und die Milch schießt ein. Zur Geburt sondert sich das Schaf von der Herde ab, jede Aufregung kann sie stören, mit unklarem Ausgang für Lämmer und Mutter. Unter Aufstehen und Hinlegen werden innerhalb von zwei Stunden die Lämmer geboren.

Die meisten Schafgeburten sind Zwillingsgeburten. Heidschnucken und andere, an nährstoffarme Regionen angepasste Schafe bringen meist nur Einlinge, russische Romanov-Schafe sogar Fünf- oder Sechslinge zur Welt. Je nach Anzahl der Lämmer liegt das Geburtsgewicht zwischen 2 und 4 kg.

Weidepfleger mit dem goldenen „Huf“

Landschaftspflege, Hobby, Milchprodukte, Fleisch, Felle und Wolle: Keine andere Tierart wird so universell genutzt wie das Schaf. Die Landschaftspflege mit Schafen zur Erhaltung der Kulturlandschaft ist besonders bedeutsam für die biologische Vielfalt an seltenen Pflanzen und Tieren in Feld und Flur.
Die genügsame Art der Schafe, ihre hohe Fruchtbarkeit, die Fähigkeit, sonst nicht nutzbare Rohfaser zu verwerten und ihre Anmut haben zu ihrer weiten Verbreitung beigetragen. Dabei sind die unterschiedlichsten Rassen entstanden: Fleischschafe wie Texel, Schwarzköpfiges Fleischschaf und andere, Milchschafe wie das Ostfriesische Milchschaf – die einzige Rasse übrigens, die auch einzeln gehalten werden kann. Es entstanden Wollschafe wie das Merino und die zahlreichen, besonders anspruchslosen, regionalen Landschafrassen wie Heidschnucken, Rhönschafe, und Bergschafe.
Um von Schafen tatsächlich leben zu können, ist eine Herde von 500 bis 800 Tieren notwendig. Solche Herden waren früher weit verbreitet, heute sind sie selten. Reine Hüteschafhaltungen sind so gut wie ausgestorben.

Coburger Fuchsschafe. Schafe ernähren sich hauptsächlich von Gras und Heu, je Tier 8 kg Gras oder 2 kg trockenes Heu täglich.

Die Mehrzahl der Schafe verteilt sich auf Hobbyhaltungen und die Landschaftspflege.

Schafe sind umgänglich und haben viele nützliche Eigenschaften. Dies führte dazu, dass sie seit Tausenden von Jahren auf der ganzen Welt gehalten werden. Auf dem Foto der Herdwick Bock Hoss und seine Frauen.

Schafe werden hauptsächlich auf wechselnden Koppeln mit Elektrozaun gehalten. In der vegetationsfreien Jahreszeit muss Heu zugefüttert werden. Vor dem Belegen und während der Laktation werden auch Getreide- und Kraftfuttermischungen gereicht. Die Lämmer werden von ihren Müttern auf der Weide aufgezogen, in Intensivhaltungen auch künstlich mit Milchaustauschern im Stall. Nach dem Absetzen mästet man sie als Weidelämmer und vermarket sie mit höchstens 45 kg noch im ersten Lebensjahr. Lammfleisch ist sehr schmackhaft – und es ist noch frei vom nicht für jedermann angenehmen Schafgeruch der älteren Tiere. Die Milch der Schafe wird meist direkt vermarktet. Gute Milchschafe geben während einer 8-monatigen Laktationsphase 500 bis 700 Liter Milch, die vor allem zur Käseherstellung verwendet wird.

Nachbarn und Freunde sind gekommen, die Älteren, um in Erinnerungen zu schwelgen, die jüngeren mit ihren Kindern – Sendung mit der Maus zum Anfassen.

Unter den wachsamen Augen von Lucy erhalten die Schafe ihren neuen Sommerlook.

Was noch zur Schafhaltung gehört

Zu den Arbeiten der Schafhaltung gehören regelmäßige Klauenpflege und Entwurmung sowie die Schur. Schafe müssen geschoren werden, weil der natürliche Haarwechsel zu Gunsten der Wollproduktion weggezüchtet wurde. Die Schur sollte jedoch wegen noch zu erwartenden Kälteeinbrüchen nicht zu früh im Jahr stattfinden. Lämmer werden in der Regel erst im folgenden Jahr geschoren.
Fünf Kilogramm Wolle im Durchschnitt liefert ein Schaf bei der Schur. Aber Wolle lässt sich gewinnbringend nur noch in größeren Partien vermarkten. Kleine und zu unterschiedliche Partien, die vor allem aus der Hobbyhaltung anfallen, kommen gegen die Konkurrenz aus Australien und Neuseeland nicht an.

Die Vorher-Nachher-Show!

Unser jährliches Schafschur-Event

Unser Wagen bahnt sich mit Viehanhänger den Weg über ausgefahrene Feldwege. Ziel ist die Schafskoppel am Ortsrand. Hier schwitzen 30 Tiere in der Frühjahrssonne. Es ist Anfang Juni und die Schafskälte, eine meteorologische Besonderheit, die sich jedes Jahr zwischen Ende Mai und Mitte Juni einstellt, ist endlich vorbei. Es ist ratsam, mit der Schur bis nach der Schafskälte zu warten, um Erkältungen vorzubeugen – außerdem löst sich das Vlies besser. Als ob sie ahnen, dass ihnen heute aus ihren dicken Wollpullis geholfen wird, kommen unsere Schafe freudig angaloppiert und springen in den Anhänger.

Auf unserem Hof macht ein Schild mit der Aufschrift „Schäferstündchen“ auf das alljährliche Ereignis aufmerksam. Drei Frauen vom Heimatverein zeigen die Kunst des Spinnens und Strickens und wie aus Wolle ein Pullover wird. Eine Schulklasse hat im Unterricht den Weg der Wolle vom Schaf bis zum fertigen Kleidungsstück besprochen und will nun live dabei sein.

Die Schafe werden einzeln zum Scherplatz geführt und auf ihr Hinterteil gesetzt. So lassen sie die Schur gottergeben über sich ergehen. Höchstens drei Minuten, dann ist das gesamte Vlies entfernt. Schon ist das nächste Schaf an der Reihe. Die Zuschauer folgen fasziniert den präzisen Bewegungen des Scherers. Kaum zu fassen, wie schnell das geht.

Einige Kinder haben gerade beim Zusehen ihren „Traumberuf“ entdeckt. Die größeren stürzen sich auf die anfallenden Vliese; sie wollen am nächsten Tag in der Schule Filzfiguren basteln. Hinterher erkennen die Lämmer ihre Mütter mit der neuen Frisur kaum wieder. Das Wellnessprogramm für die Schafe wird mit Pediküre, Entwurmung und einem Mittel gegen lästige Insekten abgerundet.

Streuobstwiesen

Wir sind froh, dass unsere Gemeinde mit alten Obstbaumbeständen noch recht gut bestückt ist, denn andernorts werden solche ökologisch höchst wertvollen alten Bäume immer seltener. Ihr Holz wirft scheinbar keinen Gewinn mehr ab. Ihre fleckigen Äpfel interessieren niemand mehr. Aber durch Bebauung können Grundstücke ihren Wert vervielfachen.
Streuobstwiesen haben eine enorme ökologische Bedeutung. Zur Pflege solcher Obstbaumbestände gehört auch die Pflege der Wiese. Dazu lassen sich die großen Weidewirtschaftsgeräte hier allerdings nicht sehr effizient einsetzen. Es bleibt das Mähen von Hand – oder die Beweidung mit Schafen oder Pferden.

Auf unserer Schafweide stehen knorrige alte Apfelbäume. Abgebrochene Äste sind bis in den Stamm hinein ausgefault. Dennoch blühen sie Jahr für Jahr und tragen ihre Früchte.

Der seltene Feldsperling profitiert von der Streuobstwiese genauso wie eine Vielzahl anderer Vögel und Säugetiere.

Einmal fanden wir beim Aufbau der Schafzäune weiße Kleckse unter einem der Apfelbäume. Wir schauten nach oben, folgten den Klecksen auf Ästen und Zweigen bis zu einem Häufchen brauner Blätter. Es waren die einzigen braunen Blätter im Baum. Als wir genauer hinsahen, entpuppten sie sich als Waldohreule.

Was in Streuobstwiesen noch verborgen ist

Erst die Arbeit an und um die Bäume offenbart, welche seltenen Kleinode in Streuobstwiesen außerdem Lebensraum finden. Eines Tages wurde beim Mähen ein Steinkauz aufgescheucht – ein brauner Flauschball, der sich erschrocken in die Baumkrone flüchtete. Wir sahen ihn später noch oft bei Sonnenuntergang in seinem Astloch sitzen, bevor er in der Dämmerung zur Mäusejagd ausflog. Hätten wir seinen Aufenthaltsort nicht durch diesen Zufall erfahren, er wäre uns niemals aufgefallen.

Im Umfeld der Bäume leben Mäuse, Igel und Maulwürfe. Der Fuchs hat so sein Auskommen und Greifvögel wie Bussarde und Turmfalken. Dazu kommen viele Singvögel: Kohl- und Blaumeise, Amsel, Elster, Rabenkrähe, Eichelhäher, Stieglitz, Grünfink, Hänfling, Goldammer, Singdrossel und Star.

Turmfalken lieben Streuobstwiesen. Von den Bäumen herab oder bei ihrem charakteristischen Rüttelflug erspähen sie ihre Lieblingsbeute, die Maus.

Weiden müssen bewirtschaftet werden

Pferde, Schafe, Rinder und Ziegen sind auf rohfaserreiche, pflanzliche Kost angewiesen, um den Winter gesund zu überstehen und Leistung zu bringen. Kraut- und blattreiche Wiesen liefern zusätzlich Eiweiß, Mineralstoffe und ätherische Öle.
Die Heuernte ist eines der ältesten und effizientesten Verfahren, diese Nährstoffe für die vegetationsarme Zeit zu konservieren und damit wesentliche Voraussetzung für die Haltung pflanzenfressender Nutztiere überhaupt.
Es gibt auch Einschränkungen. So kann der hohe Eiweißgehalt junger Wiesen bei Pferden zu Harnstoffvergiftung und Hufrehe führen. Daher wird der zweite Heuschnitt, das sogenannte Krummet, ausschließlich an Wiederkäuer verfüttert.
Zur Absicherung der Fruchtbarkeit von Milchkühen sind hohe ß-Karotin-Gehalte notwendig, der Vorläufer von Vitamin A. Sie werden bei zu langer Trocknung in der Sonne zerstört.
Um hochwertiges, gesundes Heu zu gewinnen, muss die Trocknung daher rasch und schonend vonstatten gehen. Dies gelingt nur während eines regenlosen Wetterintervalls, am besten bei leichtem Luftzug und nicht zu intensiver Sonnenbestrahlung.
Das Heu muss aber auch trocken genug sein, sonst bauen Mikroorganismen die wertvollen Inhaltsstoffe ab und produzieren gefährliche Gifte. Die gleichmäßige Trocknung wird durch mehrmaliges Wenden sichergestellt. Dabei darf nicht zu viel Staub eingearbeitet werden.

Früher, zur Erntezeit, weilte die gesamte Familie auf dem Feld. Auch die Kinder waren dabei.

In den 1950er bis 70er Jahren ersetzten kleine Ackerschlepper allmählich Arbeitskühe und Pferde. Die Schlepper waren mit Mähwerk ausgestattet und trieben mechanische Heurechen.

Auch die Heupressen der kleinen Ackerschlepper funktionieren noch immer.

Heu machen

Früher bedeutete die Heuernte tagelange Arbeit für die ganze Familie. Die Männer schnitten das Gras mit Sensen. Nach dem Anwelken der obersten Schicht wurde das Heu mit Rechen von den Frauen gewendet, bis der nötige Trocknungsgrad erreicht war. In Gegenden mit hoher Luftfeuchtigkeit und Regenwahrscheinlichkeit wurde das angetrocknete Heu auf Holzhorden gepackt, um den Kern vor Wasser zu schützen.

In den letzten 150 Jahren wurden landwirtschaftliche Geräte entwickeln, auch um die Heuernte zu erleichtern. Ein erster Schritt war der Mähbalken. Wender und Schwader mit Metallzinken bereiteten das Heu für die Presse vor, die das Heu im Laufe der Zeit zu immer größeren, gut stapelbaren Ballen formte.

Ein moderner 180-PS-Schlepper mäht mit störungsfreien Kreiselmähern einen Schnitt von acht Metern Breite, und das bei einer Durchschnittsgeschwindigkeit von 30 km / h. Moderne Wender und Schwader bearbeiten eine Breite von sechs bis zehn Meter. Am Ende entstehen Heuballen von 500 bis 1000 Kilogramm Gewicht. Das alles reduzierte die Arbeitszeit verglichen mit den Kleintraktoren der 1950er Jahre auf unter 10 %.

„Wir arbeiten in unserer kleinen Hobbylandwirtschaft gerne mit den ‚alten' Schleppern und Geräten. Es ist auch eine Menge Spaß dabei. Außerdem sind die Maschinen schonender für die Weidepflanzen und den Boden."

Warum der Hase den Maulwurf liebt

Kleine, blasse Winterweizenpflänzchen so weit das Auge reicht – eine triste landwirtschaftliche Nutzfläche außerhalb der Vegetationsperiode – eigentlich kein Grund hier innezuhalten. Trotzdem bleiben wir verwundert stehen. Als wir ganz langsam näher gehen, scheint uns ein Maulwurfshügel anzusehen, verwandelt sich in einen Feldhasen und läuft davon – gemächlich und in weitem Bogen. Zurück bleibt ein halber Maulwurfshügel, der den Hasen eben noch vor Wind, Wetter und neugierigen Blicken schützte.
Während der Rammelzeit finden sich mehrere Hasen zusammen. Dabei kommt es zu ständigen Raufereien. Nach einer Tragezeit von 41 Tagen wirft die Häsin ein bis

Der Hase lebt als Einzelgänger. Er duckt sich in sogenannten Sassen und sucht bei Gefahr die Weite. Dabei ist er schnell, wendig und ausdauernd.

Ungeselligkeit, Empfindlichkeit und geringe Reproduktivität haben den Hasen vor der Domestikation bewahrt.

vier weitgehend ausgereifte Junge. Sie verlassen als echte Nestflüchter innerhalb kürzester Zeit den Platz ihrer Geburt.

Hasen lieben Kräuter mit hohem Gehalt an essenziellen Fettsäuren, wie Löwenzahn, Mohnblumen und Klee. Abwechslungsreiche Feldfluren kommen deshalb dem Hasen entgegen. Bei eintöniger Feldwirtschaft, in Getreide- und Maisproduktionsgürteln ohne „Unkräuter“ und auch bei starken Fuchspopulationen geht die Zahl der Feldhasen zurück. Hasenbraten stammt übrigens immer von bejagten Feldhasen.

Alles Hase oder was?

Kaninchen, landläufig Stallhasen genannt, sind mit dem Feldhasen nicht näher verwandt. Die Ohren des Kaninchens sind kürzer, die des Hasen deutlich länger als der Kopf. Kaninchen sind weit verbreitet und häufig. Sie leben gesellig in Erdhöhlen, in die sie bei Gefahr flüchten. Ihr Geheimnis liegt in der enormen Vermehrung. Ein Kaninchen kann pro Jahr dreißig Nachkommen hervorbringen. Bei Bedarf wird der Eisprung spontan ausgelöst. Nach einem Monat Tragezeit kommen die vier bis zwölf Jungkaninchen nackt und blind zur Welt. Erst mit zehn Tagen öffnen sie die Augen, mit drei Wochen verlassen sie den Bau und mit vier Wochen werden sie entwöhnt.

Harte Winter, Krankheiten, Raubtiere, Raubvögel und Eulen sowie der Mensch fordern ihren Tribut. In weiträumigen Feldfluren geht die Zahl der Kaninchen zurück, in Parks und Städten nimmt sie dagegen zu.

Kaninchen sind auch als Nutz- und Hobbytiere seit alters her sehr beliebt. Weil Kaninchen aber ein hoch differenziertes Sozialverhalten besitzen, darf man nicht glauben, ihre Haltung sei unproblematisch.

Feldgehölze und Hecken auf lockerem, sandigem Boden bieten Kaninchen die beste Möglichkeit, ihre umfangreichen Bauten für die Kolonie anzulegen.

Rehe auf dem Feld

Die ersten Märztage – frühmorgens setzt sich die Sonne nur langsam gegen den Bodennebel durch. Zarter Reif bedeckt die Getreide- und Rübenschösslinge. Ein Rehrudel schickt sich an, das Gehölz zum Äsen zu verlassen. Über zwanzig Tiere sind gemeinsam unterwegs, darunter mehrere Böcke. Der kapitalste von ihnen übernimmt auch die meiste Verantwortung für das Rudel: er ist bald vorne, bald hinten, bald zwischen den Übrigen. Ab und zu jagt er auch einmal einen der jüngeren Böcke aus dem Verband hinaus.

Dabei ist es noch lange hin zur Brunftzeit, die Ende Juli beginnt und etwa vierzehn Tage anhält. Dann werden die stärkeren Böcke Reviere beziehen und mit ihrem Geweih auf jeden Nebenbuhler losgehen, der Revier und weibliche Rehe streitig machen könnte. Derzeit jedoch wird das Geweih noch aufgebaut. Es liegt unter dem Bast, der die sich bildende Knochensubstanz versorgt. Der Geschlechtshormonspiegel der Tiere ist noch niedrig und so leben sie in friedlichen Großgruppen zusammen.

Geplante Geburt

Eine Besonderheit der Rehe zeigt sich in ihrem Reproduktionsverhalten. Sie haben nur einen jährlichen Zyklus, zwischen Ende Juli und Anfang August. Die Einnistung und Entwicklung der Embryonen erfolgt mit einer Verzögerung von fünf Monaten im Dezember. Die Trächtigkeit dauert dann noch einmal fünf Monate. Auf diese Weise kann die Brunft vor der kräftezehrenden vegetationsarmen Periode stattfinden und die Geburt der Kitze fällt dennoch in die Vegetationsperiode im Frühjahr.

Feldrehe haben gelernt, sich auf große, freie Flächen zurückzuziehen. Ihre Fluchtdistanz ist ihre Sicherheit, solange sie die Übersicht und genügend Platz haben, fühlen sie sich geborgen, selbst vor Spaziergängern mit Hunden.

Im Mai / Juni werden ein bis drei Kitze gesetzt, nach der Geburt zunächst für zwei Wochen in einem Versteck abgelegt und nur zum Säugen aufgesucht. Kitze sind zu dieser Zeit fast völlig geruchlos und damit auch für Raubtiere „unsichtbar“. Ungewohntes veranlasst Kitze sich abzuducken und die Gefahr „auszusitzen“. Allerdings führt dieses biologische Verhalten jedes Jahr zu erheblichen Verlusten. Die Kitze werden bei der Heu- oder Getreideernte übersehen und getötet, sie flüchten nicht vor den Maschinen. Außerdem werden sie allzu gerne von besorgten „Findern“ angefasst; der Geruch des Menschen bleibt haften und vertreibt die Ricke, die Kitze müssen dann verhungern.

Im Gegensatz zu Schaf und Rind ist die Fähigkeit zur Rohfaserverdauung beim Reh nur mäßig entwickelt. Rehe selektieren die nährstoffreichen Pflanzenteile verschiedenster Kräuter, Sträucher und Bäume, anstatt zu grasen wie andere Weidetiere. Sie zählen damit zu den extremsten Feinschmeckern unter den heimischen Wiederkäuern. Pflanzen schützen ihre feinen Triebe durch Bitterstoffe vor dem Verbiss. Der Speichel der Rehe ist allerdings in der Lage, diese Tannine abzubauen.

Das Leben der Rehe wird in erster Linie durch die wechselnden Vegetationsperioden bestimmt. Dabei ist Nahrungsmangel während der Wintermonate eine erhebliche Herausforderung für sie.

Der Wald

Artenvielfalt und Nutzung schließen sich beim Wald nicht aus. Sie ergänzen sich sogar gegenseitig, wenn die Ansprüche sowohl des Naturraums als auch der Bewirtschaftung verknüpft und nachhaltig erfüllt werden.

Pflanzengesellschaften

Bei strahlendem Frühlingswetter führt uns unser Weg durch eine abwechslungsreiche Mittelgebirgslandschaft, vorbei an Weiden, Feldern und Gehölzen, bis in der Ferne unser Ziel auftaucht. Wir biegen von der Straße ab und erreichen den Parkplatz, an dem unsere Wanderung beginnen soll. Den Buchenwald vor uns lockern eingestreute Eichen, im Randbereich Hainbuchen, Weiden, Lärchen und Vogelkirschen auf. Eichen und Buchen treiben zartes Laub, die Vogelkirschen blühen schon. Doch die Baumkronen sind noch nicht voll belaubt und so dringt genügend Licht für eine ganze Gruppe früh blühender Pflanzen bis zum Boden. Wir sind zu Gast in einer Buchen-Waldmeister-Gesellschaft, einem der häufigsten Waldbiotope Deutschlands. Dieses ökologische Gefüge erhält seinen Namen von den beiden Pflanzen, die die Ansprüche dieser Gesellschaft am besten charakteri-

Vor den meisten anderen Pflanzen überziehen die frühlingsverkündenden Blüten der Buschwindröschen den Waldboden.

Dem Waldmeister reichen die 5% des Sonnenlichts, die das Blätterdach durchlässt, um sein Dasein zu entfalten und seine bescheidenen Blüten zu treiben.

Auch das beliebte Maiglöckchen findet sich im lichten Frühlingsbuchenwald.

Die Goldnessel ist ein Mitglied der Buchen-Waldmeister-Gesellschaft.

sieren, auch wenn weitere Pflanzen hinzukommen. Allen gemeinsam ist die Vorliebe zu mäßig trockenem bis mäßig frischem, neutralem bis mäßig saurem Boden. Ein typischer, dezenter Geruch liegt über den Waldmeisterarealen: das Cumarin-Aroma, das so gerne zum Würzen von Süßspeisen und Getränken verwendet wird. Beim Zerreiben der Blätter entfaltet sich der Duft besonders intensiv.
Auch die übrigen Mitglieder dieser Pflanzengesellschaft haben ihre Vegetationszeit ins Frühlingslicht verlegt: Goldnessel, Große Sternmiere, Maiglöckchen, Gundermann und Storchenschnabel sind die häufigsten von ihnen.
Das Paradebeispiel aber ist das Buschwindröschen, es ist Anführer einer eigenen kleinen Pflanzenuntergesellschaft. Daneben wachsen Einbeeren als typische Feuchtigkeitsanzeiger in Buchenwäldern. Perl- und Rispengras runden die Mischung ab. Unser Rückweg führt uns an einem Bachlauf hinaus aus dem Wald. Hier gedeihen Weiden und Schwarzerlen. Letztere zeigen den hohen Grundwasserspiegel an, den sie besonders schätzen. Hier finden wir auch Brennesseln, Anzeigerpflanzen für hohe Stickstoffgehalte, die aus den umliegenden landwirtschaftlichen Flächen eingetragen werden. Leit- und Anzeigerpflanzen helfen uns, Lebensgemeinschaften zu erkennen. Sie verraten uns Details zu den vorherrschenden Umweltverhältnissen: Bodenart, Feuchtigkeit, Nährstoffe und auch zu erwartende Tiere und Pflanzen. So kann sich das Ökosystem in der Phantasie bereits entfalten, bevor wir es richtig betreten haben.

Die Säulen der Stämme und das völlige Fehlen von Sträuchern und Büschen lassen den Wald wie eine Kathedrale wirken.

Magische Bäume

Ehrfürchtig bestaunen wir tausendjährige Baum-Individuen, denen die Zeit nichts weiter anhaben konnte, als ihnen bizarre Formen zu verleihen. Sie sind mythenbeladen und scheinen eine faszinierende innere Ruhe auszustrahlen.
Bäume herrschen über das Licht, die wichtigste Ressource der Pflanzengesellschaft, und damit über alle Lebewesen bis hinab zur Strauch- und Krautschicht. So schaffen sie auf vielen Ebenen Wohnraum für Insekten, Vögel und Säuger, Pilze, Moose und andere Pflanzen. Auch die Waldbäume blühen im Frühjahr, wenn auch nicht so offensichtlich wie Obstbäume, und tragen im Herbst ihre Früchte. Manchmal dauert es mehrere Jahre von der Bestäubung bis zur reifen Frucht.

„In Deutschland gedeihen über hundert Baumarten, aber nur etwa zwanzig sind häufig. Sie sind es, die uns als Wanderer die Blätter zu Füßen legen, uns Rinde, Blüten und Früchte hinhalten und zu fragen scheinen: wer bin ich? Wer sie erkennt, kann sich ihre Geschichte erzählen lassen."

Im Baum vereint sich tonnenschwere Stützsubstanz aus Holzstoff mit Geflechten feinster Leitungsbahnen. Diese saugen Wasser und Mineralien von der Wurzel zum viele Meter höher gelegenen Blattwerk. Dort werden Wasser und Kohlendioxid mit Hilfe der Lichtenergie zu Traubenzucker und Sauerstoff umgewandelt. So wächst der Baum dem Licht entgegen, zu einem Koloss, der Wind, Wetter und allen natürlichen Feinden über Jahrhunderte trotzen kann. Nur außergewöhnliche Naturkatastrophen – und die Kettensäge können ihn dann noch zu Fall bringen.
Aber Bäume sind viel mehr als Holz. Sie sind komplexe Lebewesen und keinesfalls stumm. Im Gegenteil, sie sind untereinander sehr kommunikativ, nicht akustisch sondern chemisch. Werden Akazien von Ziegen heimgesucht, setzt der beknabberte Baum chemische Botenstoffe frei, die von den umstehenden Bäumen wahrgenommen werden. Diese produzieren umgehend Gerbsäuren, die dem Angreifer den Appetit und die Verdauung verderben – und dem Baum die Blätter retten.
Die meisten Waldbäume werden etwa 300 bis 600 Jahre alt und 30 bis 40 Meter hoch, seltene Exemplare verschiedener Arten bis zu 60 Meter. Andere wurden 1000 Jahre, manche bis zu 3000 Jahre alt.
Ohne menschliche Einwirkung dominierten Eichen-Mischwälder das Tiefland, Buchen-Mischwälder die Mittelgebirge und Fichten-Mischwälder die Hochlagen.
In den letzten Jahrhunderten bevorzugte die Forstwirtschaft die ertragreicheren Nadelbaumarten, oft in Monokulturen produziert. Das optimale Nutzungsalter der

Bäume der verschiedensten Arten stehen beim Eichhörnchen hoch im Kurs, sie bieten Nahrung, Schutz und Platz für die Jungtieraufzucht.

Bäume liegt zwischen 80 und 130 Jahren. Solche artenarmen Kulturen sind anfällig gegen Windwurf, Trockenheit, Verbiss und Schädlinge. Totalausfälle und drastische Ertragsminderung haben zum Umdenken geführt. Wenn Klima und Boden es erlauben, werden heute Mischwälder bevorzugt, die aus Bäumen verschiedener Altersstufen zusammengesetzt sind. Der Vorteil: Risiken verteilen sich, Schädlinge breiten sich weniger stark aus und der Wald wird wieder zum biologisch wertvollen Ökosystem.

Die Linde von Bermoll ist eine 1000-jährige Persönlichkeit mit fast neun Metern Umfang. Der Stamm dieser Gerichtslinde ist fast ausgefault, doch sie steht noch immer in voller Blüte.

Eichen und Buchen

Eichen kommen bei uns hauptsächlich in zwei Arten vor, als Stiel- und Traubeneiche. Sie bilden tiefe Pfahlwurzeln und gedeihen daher am besten im Tiefland. Vor allem auf sauren, sandigen und nassen Standorten, etwa Auwäldern, sind sie den Buchen überlegen.
Eichen liefern mit die wertvollsten Holzarten unserer Wälder, vor allem wenn sie im geschlossenen Bestand aufwachsen, wo sie lange und gleichmäßige Stämme bilden. Bei ihrer Ernte als Furniereichen haben diese Bäume eine Höhe von etwa 40 Metern und ein Alter von circa 240 Jahren. Freistehende Individuen hingegen werden breit und knorrig, mit dickem kurzem Stamm und tief ansetzender, breit ausladender Krone. Solche Bäume werden oft tausend Jahre alt.

Solitäre Eichen bilden knorrige Wurzeln, skurrile Formen und Unterschlupf für allerlei Bodenbewohner.

Eichenholz ist wegen seiner hohen Gerbsäurekonzentration extrem dauerhaft. Unter Wasser hält es Jahrtausende – Venedig wurde auf Eichenpfählen erbaut. An der Luft hält es Jahrhunderte, etwa an Fachwerkhäusern, wo Nässe und Luft sich abwechseln, aber nur Jahrzehnte. Und mit Eichenrinde haben schon die Kelten Leder gegerbt. Hinsichtlich der Diversität und Fülle der Lebensgemeinschaften sind Eichenwaldgesellschaften herausragend. Das liegt in erster Linie an ihren ausladenden, lichtdurchlässigen Kronen. Beispielsweise leben von den Groß-schmetterlingen 179 und von holzbesiedelnden Käfern 900 Arten an der Eiche, dagegen nur 28 und 300 an der Fichte.

Stiel- und Traubeneichen lassen sich an ihren Blättern und Früchten gut unterscheiden: Bei der Stieleiche sitzen die Früchte auf deutlichen Stielen, die wiederum den Blättern fehlen, bei der Traubeneiche ist es umgekehrt.

Mulmhöhlen älterer Eichen bieten Wohnraum für zahlreiche Vogel- und Fledermausarten. Der im Vergleich mit Fichte oder Buche erhebliche Lichtanteil, der bei der Eiche den Boden erreicht, kommt einer Fülle verschiedenster Pflanzen zu Gute. Viele Kleininsekten leben im Eichenwald, etwa die Eichengallwespen, deren Larven sich in Gallen an den Blättern entwickeln.

Buchen

Buchen kommen mit fast jedem Boden gut zurecht, solange er keine zu große Nässe aufweist. Schösslinge und Jungpflanzen wachsen schnell und ohne großen Lichtbedarf. Die meisten anderen Baumarten werden von der Buche effizient verdrängt. Ohne den Einfluss des Menschen wäre der größte Teil der Mittelgebirge mit Buchen-Mischwäldern bedeckt. Buchen sind ein maßgeblicher Teil einer ganzen Reihe von Pflanzengesellschaften. Sie verfügen über ein Herzwurzelsystem mit besonders hohem, den Untergrund auflockernden Feinwurzelanteil.
Solange im noch unbelaubten Frühjahrswald genügend Licht bis zum Boden einfallen kann, zeigen sich hier zahlreiche Frühjahrsblüher, allen voran das Busch-

Die Rinde der Buche ist glatt und grau, oft mit einem grünlichen Anflug von Moos. Die Stämme wachsen sehr gerade und empfehlen sich deshalb und wegen ihres harten Holzes für die Forstwirtschaft.

Weil es in den Wäldern an verfaulenden Eichenstämmen fehlt, ist der Hirschkäfer sehr selten geworden.

Im zeitigen Frühjahr sucht der Eichelhäher nach den im Herbst vergrabenen Früchten. So manche dabei vergessene Eichel wird zu einem neuen Baumriesen.

Die zarten Blatttriebe zählen zu den Lieblingsspeisen des Maikäfers. Er ist selten geworden, die Zeit der Maikäferplagen Vergangenheit.

windröschen. Mit dem Austreiben der ersten zarten, saftig hellgrünen Blätter im April beginnt auch die Blütezeit der Buche. Buchfinken sind typische Bewohner dieses Waldes. Ihr unverwechselbarer „Finkenschlag“ prägt den frühsommerlichen Buchenwald.

Die Früchte werden Bucheckern oder Bucheln genannt; ihre scharf dreikantigen, glänzend braunen Nussfrüchte dienen zahlreichen Säugetieren wie Mäusen, Eichhörnchen, Rot- und Schwarzwild und Vögeln als wichtiger Energielieferant zur Vorbereitung auf die Winterzeit. In Mangelzeiten wurden sie auch für die menschliche Ernährung zu Mehl gemahlen und zu Brot gebacken.

Klopf auf Holz!

Ruhe, Stille und Schweigen assoziieren wir gern mit tiefen Wäldern – es sind Orte der Besinnung. Wären da nicht diese Kobolde, die uns aufschrecken, als wollten sie uns auslachen und mit Trommelwirbeln in die Irre führen: Schrilles „gick – gick – gick", vollmundiges „brüü" oder lachendes „gück-gück-gück". Doch die Verursacher bleiben verborgen – im Blatt- und Nadelgewirr der Baumkronen.

„Des Rätsels Lösung hat mehrere Namen: Schwarz-, Grün-, Bunt-, Mittel- oder Kleinspecht. Es gibt diese Vögel in allen Größen und Farben, genauso grell und schrill wie ihre Laute. Wenn man die Spechte bloß zu Sehen bekäme."

Es sind die alten und abgestorbenen Bäume, die das Spechtleben lebenswert machen. Unter der Rinde finden die Vögel Insektenlarven und Käfer. Mit ihrer extrem langen, mit Widerhaken gespickten und klebrigen Zunge ziehen sie sie aus Bohrgängen im Holz.
Damit die Spechte ihre Schlaf- und Bruthöhlen anlegen können, müssen die Bäume groß genug sein. Stämme mit Kernfäule sind den Vögeln als Arbeitserleichterung willkommen. Eine Spechthöhle wird gut 50 cm tief ausgemeißelt. Der Grünspecht nutzt eher Weichholzarten wie die Weide, während der Buntspecht seine Höhlen auch in gesunden Eichen und Buchen anzulegen vermag.

Begegnung mit Wildschweinen

Unser Weg mit den Hunden schlängelt sich durch einen der hier typischen Eichen-Buchen-Schläge. Bald erreichen wir einen Jungwald. Umliegende Bäume und Hecken aus Brombeeren, niedrige Fichtengruppen und Geißblatt bilden ein üppiges Dickicht. Als wir gerade dem Gesang einer Mönchsgrasmücke ein paar Schritte entgegen unseres Weges in den Jungwald folgen, brechen urplötzlich direkt vor uns zwei halbwüchsige Wildschweine hervor und suchen das Weite. Da lagen doch diese beiden Schweine gerade einmal drei Meter vom Weg in ihrem Lager und ließen uns seelenruhig passieren. Jetzt nehmen wir auch den charakteristischen Geruch der Wildschweine nach Liebstöckel wahr. Selbst die Hunde hatten nichts bemerkt! Weil sie zu Hause auf unserem Hof mit Schweinen vertraut sind?

Obwohl der Weg von Wühlspuren, die sie bei ihrer Suche nach Insekten und Würmern im Waldboden hinterlassen, gesäumt war, hatten wir nicht mit ihnen gerechnet. In Gebieten, in denen man ihnen nachstellt, ziehen sich die Tiere tagsüber zurück. Diese Schweine hatten uns längst gehört. Es ist aber nun einmal schweinetypisches Verhalten, sich bei Gefahr zu ducken und sich auf die perfekte Tarnung des Borstenkleids zu verlassen.

Durch die gute Versorgung der Tiere mit Eichelmast und Feldfrüchten wurde ihre Saisonalität durchbrochen. So kann man heute das ganze Jahr über auf Bachen mit neugeborenen Frischlingen stoßen.

Erwachsene Keiler sind Einzelgänger, die nur zur Rauschezeit zu den Rotten hinzutreten.

Die Hauer im Ober- und Unterkiefer halten sich gegenseitig scharf und lassen sich zum Schlagen oder wie eine kräftige Schere einsetzen.

Das Familienleben der wilden Schweine

Wildschweine leben in kleinen Rotten erwachsener Sauen mit der aktuellen und der Nachzucht des Vorjahres zusammen. Geschlechtsreife Keiler werden ausgeschlossen. Die Fortpflanzung findet hauptsächlich im Herbst statt. So wird grundsätzlich sichergestellt, dass die Frischlinge im Frühjahr – Februar bis April – geboren werden, wenn genügend Nahrung zur Verfügung steht.

Die Keiler kämpfen um das Recht der Fortpflanzung. Mit 100 bis 150 kg Körpergewicht versuchen sie sich Kopf an Kopf niederzuringen, oft unter Einsatz ihrer Waffen. Sie treffen allerdings in der Regel auf die Schulter, die mit einem dicken Hornschild und einem dichten, mit Schlamm verklebten Borstenkleid geschützt ist.

Wildschweine sind klug, lernen schnell und sie sind stur. Sie lassen sich nicht wie anderes Wild in die Enge treiben. Bachen lassen die Treiber bei Drückjagden ganz nah an sich vorbei ziehen, um dann unbehelligt mitsamt ihren Frischlingen in die Gegenrichtung zu entkommen.

Sie verfügen über eine extrem feine Nase, einen stabilen Rüssel und kräftige Hals- und Nackenmuskulatur. Damit finden sie jedes Maisfeld, riechen die Kartoffeln durch die Erde hindurch und haben rasch freigelegt, wonach ihnen der Appetit steht. In einer einzigen Nacht kann eine Rotte ganze Mais- und Getreidefelder vernichten. Kaum vorstellbar, dass bis ins 19. Jahrhundert Wildschweine in weiten Teilen Deutschlands ausgerottet waren. Heute leben Wildschweine sogar in Städten. So kann ein Hobbygärtner, der am Morgen seinen Kleingarten in Berlin aufsucht, einer Rotte gegenüberstehen, die ihm schon einen Teil der Erntearbeit abgenommen hat.

Andere Bäume des Waldes

Eine ganze Reihe weiterer Laubbaumarten neben Eiche und Buche besetzen die ökologischen oder ökonomischen Nischen vor allem in Mischwäldern. Unter den Nadelbäumen sind Fichten, Kiefern, Tannen, Lärchen und Douglasien in Deutschland am häufigsten. Das weiche Holz dieser durchweg rasch wachsenden Baumarten wird als Bauholz oder für Möbel verwendet. Zur vegetationslosen Zeit lassen sich die Bäume an ihrer Rinde erkennen.
Der Bergahorn ist durch seine forstwirtschaftliche Bedeutung die bei uns am weitesten verbreitete Ahornart. Aus dem Baumsaft wurde in Notzeiten Zucker hergestellt: 1 kg aus 100 Liter Saft. Ahornholz zählt wegen seiner Feinporigkeit zu den „hygienischen Holzarten" und dient als Material für Küchengeräte bis hin zu Spielwaren.

Erkennungszeichen der Hainbuche ist der wellige Stamm.

Hainbuchen sind relativ kleine, schattentolerante Bäume, oft in Eichen- und Buchenmischwäldern zur Zwischennutzung angepflanzt.

Die Esche kommt häufig in Buchengesellschaften vor sowie in Auwäldern, dem Lebensraum zahlreicher bedrohter Tier- und Pflanzenarten.

Eschenholz ist schwer und hart und wurde besonders in der Wagnerei eingesetzt.

Die mit Hasel, Birke und Erle verwandte Hainbuche ist äußerst schnittverträglich und wird deshalb gern als Hecke angepflanzt. Das extrem helle Holz, deshalb auch Weißbuche genannt, ist das härteste unserer einheimischen Baumarten. Andere Namen sind Eisenholz und Steinbuche. Birken kommen auf sehr trockenen und nährstoffarmen Sandböden vor und lassen sich rasch von schattentoleranteren und langlebigeren Baumarten verdrängen. Ökologisch besonders wertvoll sind sie in Birkenmischwäldern. Ihre lichte Krone lässt dort eine reiche Kraut- und Strauchflora mit ausgeprägter tierischer Artenvielfalt zu.

Die Rosskastanie wurde erst im 16. Jahrhundert eingeführt. Von allen Laubbäumen schirmt sie das Licht am besten ab und wurde zum beliebtesten Schattenspender in Ausflugslokalen und Biergärten. In der Blüte wirkt der Baum wie ein riesiger Strauß gelber oder roter Blüten.

Die Esskastanie brachten die Römer mit. Sie kommt vor allem an wärmeren Standorten vor und liefert auch essbare Früchte. Sonst spielt sie keine wirtschaftliche Rolle.

Die Rinde der Schwarzerle.

Entlang an Flüssen und Bächen zeigt die Schwarzerle hohe Grundwasserspiegel an.

Weiden und Pappeln bilden eine artenreiche Weichholz-Familie. In Mitteleuropa kommen die Schwarz-, Silber- und Zitterpappel vor. Die Espe oder Zitterpappel hat ihren Namen von der losen Aufhängung ihrer Blätter, die beim leisesten Luftzug zu tanzen beginnen.

Weiden gibt es in vielen Arten. Eine besondere ökologische Rolle spielen sie für mitteleuropäische Fluss- und Stromauen, wo sie effizient vor Erosion schützen. Weidenholz wird oft zu Sperrholz und Zündhölzern verarbeitet. Weidenkätzchen sind für viele Insekten und Vögel eine erste Energiequelle im Frühjahr. In Mischwäldern hat die Eberesche höchste ökologische Bedeutung. Sie ernährt mehr als 60 Vogel- und zahlreiche Säugetier- und Insektenarten.

Im Laub der Schwarzpappel leben zahlreiche Groß- und Kleinschmetterlingsarten.

Rinde der Schwarzpappel.

Vogelkirschen werden seit Jahrtausenden genutzt. Sie kamen mit den Römern nach Mitteleuropa. Sie gedeihen meist als Einzelbaum in krautreichen Laubmischwäldern, an Waldrändern und in Hecken und bilden wertvolle Nischen für etwa 50 Vogel- und über 100 Insektenarten.

Aus dem dekorativen Holz der Vogelkirsche werden wertvolle Furniermöbel hergestellt.

Die Linde ist wie kaum ein zweiter Baum mit unserer Kulturgeschichte verbunden. Als Dorflinde darf sie in keiner Ortschaft fehlen. Winter- und besonders Sommerlinde werden zur Blütezeit reichlich von Insekten besucht und spielen für die Imkerei eine große Rolle. Das weiche Holz dient von alters her zum Schnitzen.

Rinde der Linde.

Rinde der Tanne.

Die Tannenkrone nimmt im Alter eine charakteristisch flache Form an – Storchennestkrone.

Nadelbäume

Tannen können lange Zeit im Schatten anderer Bäume wachsen. Im Unterschied zur Fichte haben Tannen Pfahlwurzeln und ihre Zapfen stehen aufrecht. Tannennadeln sind weicher als Fichtennadeln und flach, mit zwei hellen Streifen auf der Unterseite. Der Honigtau der grünen Tannenhoniglaus bildet den Grundstoff des Tannenhonigs.

Fichten sind besonders in den niederschlagsreichen Mittelgebirgen und Bergregionen verbreitet. Sie bilden eine flache Tellerwurzel und ihre reifen Zapfen hängen nach unten. Reine Fichtenbestände sind ökologisch weitgehend uninteressant, weil sie kaum Licht zum Boden durchlassen.

Fichtenrinde.

Rinde der Kiefer.

Die Kiefer zeigt trockene oder nasse Sandböden an. Ihre Nadeln sind weich, lang und rund, die Zapfen rundlich. Das Wurzelsystem passt sich flexibel dem Untergrund an. Durch besonders gestaltete Spaltöffnungen zur Feuchtigkeitsregulierung ist die Kiefer hervorragend an extreme Sommertrockenheit und Winterkälte angepasst.

Lärchenrinde.

Die Lärche ist eine besonders schnell wachsende Pionierbaumart mit hohem Lichtbedarf. Ihre Nadeln sind extrem weich und zu rosettenförmigen Büscheln angeordnet. Sie werden im Herbst abgeworfen. Die weiblichen Blütenzapfen leuchten in hübschem Rot und stehen aufrecht am Zweig.

Rehe im Wald

Leise erreichen wir in der Morgendämmerung den Hochsitz in einer Hecke am Rand der Lichtung. Fünfzig Meter vor uns döst ein Reh, daneben ein zweites. Es sind Jungrehe vom Vorjahr. Sie sind so hervorragend getarnt, dass wir sie zunächst für Wurzelstöcke hielten.

Der Boden ist von trockenem Laub übersät und nichts und niemand könnte sich hier lautlos heranpirschen. Und sie haben besondere Wächter. Im Laub suchen Amseln nach Würmern und Insekten. Anders als den halbzahmen Gartenamseln entgeht ihrer Aufmerksamkeit nichts. Sie warnen laut und eindringlich. Darauf können die ruhenden Rehe bauen.

Ab Mai werden die Kitze gesetzt. Die Flecken auf dem Rücken lassen das Kitz mit seiner Umgebung verschmelzen.

Während Feldrehe ihre Sicherheit in der übersichtlichen Weite finden, verlassen sich die Waldrehe auf Tarnung, Geruchssinn und Gehör. Und zur Not können beide blitzartig fliehen.

Die Rehe kratzen sich und beknabbern ihr Fell. Der alte Winterpelz juckt und muss runter.

Die Rehe sind aufgestanden, strecken ihre langen Beine und schütteln ihr zerzaustes Fell. Dann kommen sie gemächlich auf uns zu. Die Sonne ist aufgegangen und zaubert bunte Licht- und Schattenspiele in den Wald. Die Tarnung der Rehe ist jetzt perfekt. Zeit zum Frühstück, doch anstatt frisches Grün nehmen sie erst einmal einen vertrockneten Eichenzweig aus dem Vorjahr samt Blättern zu sich. Dann folgt ein trockener Kiefernzweig und weiteres trockenes Laub.
Ab und zu nähern sich Geräusche: Spaziergänger mit Hunden, ein Jogger, ein Radfahrer. Die Rehe erstarren kurz, ihre gesamte Aufmerksamkeit auf das Geräusch gerichtet. Die Nase prüft, steil nach oben gerichtet, den Wind. Mit den sich entfernenden Geräuschen kommen sie schnell wieder zur Ruhe.
Zum zweiten Gang gibt es jetzt holziges Blaubeerkraut, Frauenfarn und Buchenzweige. Erst danach lassen sie sich frische Kräuter schmecken. Ihr ganzes Verhalten ist ruhig und bedächtig. Genüsslich suchen sich die Tiere einen Leckerbissen hier und einen da. So entfernen sie sich langsam von uns, immer entlang ihres vegetarischen Buffets.

Die Ricke säugt ihre Zwillinge im hohen Gras der Lichtung. Anschließend lockt sie die Kitze in den Wald und sie folgen mit übermütigen Sprüngen.

Im Reich der Hirsche

Unsere Anspannung steigert sich, je tiefer wir in den Wald hineinfahren. Es ist noch hell, als wir vom Hauptweg abbiegen, mal nach links, mal nach rechts, in scheinbar beliebiger Reihenfolge. Mal kommen wir an einer Wanderhütte vorbei, mal glaube ich, diesen Weg schon gegangen zu sein. Als wir anhalten, habe ich längst jede Orientierung verloren. Die letzten hundert Meter gehen wir schweigend zu Fuß. Trockene Blätter und Zweige vereiteln ein lautloses Vorwärtskommen. Am Rand einer gras- und kräuterbewachsenen Lichtung erreichen wir unseren Hochsitz. Ich baue meine Fotokamera auf, für den Fall der Fälle – das Licht würde noch reichen.

Der Wind steht günstig und wir warten hoffnungsvoll. Fallende Bucheckern lassen uns immer wieder hochschrecken. Als dann doch die Dunkelheit hereinbricht, wird klar, dieses Mal gibt es keine Hirschaufnahmen. Wir beschließen, die Pirsch zu beenden und gehen zurück zum Wagen. Hirsche haben wir keine gesehen, und doch eine tiefe innere Ruhe erfahren. Hier inmitten ihres Reiches existieren Stress und Ärger, Städte und Menschen nicht.

Doch dann plötzlich das kehlige Röhren eines Hirsches. Versteinert bleiben wir stehen und lauschen, wagen kaum zu atmen. Was für ein Erlebnis: Für ein paar Minuten sind wir Zeugen eines Jahrmillionen alten Hörspiels der Natur. Das Röhren kommt näher, Zweige knicken. Dann wird alles wieder ruhig. Der Hirsch, der auf brünftige Hirschkühe gehofft hatte, muss seinen Irrtum wohl bemerkt haben.

Naturereignis Hirsche

Hirsche und Hirschkühe leben außerhalb der Brunftzeit in getrennten Rudeln. Während der Brunft nähern sie sich an. Der stärkste Hirsch grenzt sich bald durch Röhren, Imponieren und, falls das nicht ausreicht, durch Kommentkämpfe als Platzhirsch von den übrigen ab. Ihm allein steht die Begattung des Kahlwildes (Hirschkühe) zu.
Unter der Wirkung sinkender Hormonspiegel werfen die Hirsche im März / April ihr Geweih ab. Unter der Knochenhaut, dem Bast, beginnt direkt ein neues, meist stärkeres Geweih nachzuwachsen. Die Bildung von 10 bis 15 kg Knochensubstanz belastet den Organismus enorm und auf der Suche nach eiweißreichen Schösslingen verlieren die Hirsche ihre scheue Lebensweise.
Ab Juli setzt mit abnehmender Tageslichtlänge die Testosteronbildung erneut ein: die Keimdrüsen wachsen, Spermien reifen und die Geweihbildung wird gestoppt. Jetzt geht der Appetit der Hirsche wieder deutlich zurück, sie werden scheuer. Die einst stark durchblutete Basthaut, die das wachsende Geweih ernährt hat, wird abgefegt und gibt rechtzeitig zur Brunft das neue Geweih frei.

Hirschkühe sind nur wenige Tage paarungsbereit. Nach achteinhalb Monaten, im Mai und Juni werden die Kälber gesetzt. Anfangs legen die Mütter sie zwischen den Säugephasen alleine ab, später bildet sich ein Rudel aus Müttern, Kälbern des letzten Jahres und Kitzen.

Nach Spießer und Gabler können bei entsprechenden Anlagen und guter Ernährung bereits im dritten Lebensjahr Zehnender gebildet werden.

Zwischen dem 10. und 14. Lebensjahr tragen die Althirsche das mächtigste Geweih, bei älteren Tieren nimmt es dann an Umfang und Größe wieder ab.

Hirschbrunft

Ein goldener Spätoktobertag geht zu Ende und wir folgen den Spuren des Rotwildes. Wir sind spät dran, zu spät vielleicht, die Hauptbrunft ist bereits vorbei. Sie findet zwischen Mitte September und Mitte Oktober statt. Wo sich Gelegenheit zum Beobachten ergeben könnte, lässt sich schwer vorhersagen und hängt davon ab, wohin die weiblichen Tiere ziehen.

Jahre zuvor hatten wir schon einmal die Brunft erlebt und das unvorsichtige Treiben der Tiere hatte uns fasziniert. Die stattlichen Hirsche kamen bis auf wenige Meter an den Menschen heran, wenn sie das Unterholz auf der Suche nach brünftigen Kühen durchpflügten.

Seit einiger Zeit stehen wir in Kontakt mit „Eingeweihten", denn wir haben damit begonnen, die genetische Variabilität der etwa 300 Tiere umfassenden Hirschpopulation zu untersuchen. Die Akribie, mit der diese schönen Tiere gehegt werden, überrascht und verblüfft. Eine Handvoll Männer ist in der Lage, jeden Hirsch an den Besonderheiten seines Geweihs zu erkennen. Dutzende Helfer tragen im Frühjahr die Abwurfstangen zusammen. So lassen sich über Jahre Entwicklung und Werdegang jedes einzelnen Hirsches verfolgen. Hege und Selektion sollen nicht dem Zufall überlassen bleiben.

Das Röhren eines Herausforderers wird vom Platzhirsch mit schnellerer Ruffolge beantwortet.
Beim Kampf versuchen die Kontrahenten, sich gegenseitig wegzuschieben. Der schwächere flieht, nur selten kommt es zu ernsthaften Verletzungen.

Holz für den Kamin

Nichts ist schöner als vor prasselndem Kamin bei einer heißen Tasse Tee den Feierabend zu genießen. Und nebenbei entsteht eine wohlige Wärme, von der Zentralheizung unerreicht.
Wer dieses Ambiente zu Hause haben möchte, braucht Holz. Gut gelagert und trocken soll es sein, am besten von Birke, Buche oder Eiche. Dazu etwas harzreiches Kienholz der Kiefer zum anzünden.
Als nachwachsender Rohstoff ist Feuerholz eine bessere Alternative als Öl oder Kohle, auch zum Heizen. Und der Wald freut sich: Jungholzaufzuchten werden ausgedünnt, Schnee- und Windbruch beseitigt, und auch die Kronen der Erntebäume werden zu Brennholz verarbeitet. Mit den Einnahmen des Holzverkaufs werden neue Flächen aufgeforstet – ein nachhaltiges System. Alljährlich zwischen Ende Oktober und Anfang März findet der Holzeinschlag statt. Danach kehrt wieder Ruhe ein im Wald.

Durch Kettensäge und hydraulische Geräte ist die Waldarbeit wesentlich einfacher als früher.

Gerade gewachsene Stämme und Äste lassen sich mit der Spaltaxt von Hand zerlegen.

Beim hydraulischen Spalten werden Stämme und Äste durch zwei, im rechten Winkel angeordnete Metallmesser gepresst und zerfallen wie Butter in vier gleiche Teile.

Die Kettensäge ruft

Holzschläge werden im Herbst bei der Gemeinde ersteigert, dann geht´s los.
An einem Samstagmorgen machen wir uns, gut ausgerüstet mit Schutzkleidung, scharfem Werkzeug, heißem Tee und belegten Broten auf den Weg in den Wald. Wir fahren mit dem Trecker und haben den Anhänger gleich dabei.
Die frische Morgenluft brennt auf den Schleimhäuten. Leichter Nieselregen fällt. Wir ziehen die Kapuzen tiefer ins Gesicht. Die Arbeit im Holz ist hart und gefährlich. Letztes Jahr gab es einen Unfall beim Versuch, einen vom Wind umgedrückten Baum zu bergen.
Am Schlag angekommen, zerlegen wir die Kronen frisch gefällter Buchen und Eichen. Das Holz ist sehr hart. Nur langsam frisst sich die Kettensäge durchs Astwerk und produziert etwa einen Meter lange Stücke. Dann muss es gespalten werden. Mit einer scharfen Spaltaxt beginnen wir schon einmal. Am Nachmittag erwarten wir noch einen Kollegen mit einem hydraulischen Holzspalter. Rasch ist alles aufgesetzt und abgedeckt. Das Holz lagert jetzt im Wald. Wir beladen den Anhänger mit abgetrocknetem Holz vom Vorjahr. Dieses wollen wir nächstes Wochenende mit der Bandsäge in ofenfertige Stücke kürzen und im Garten aufschichten. Müde, mit schmerzenden Gliedern, aber rundum zufrieden, kehren wir am frühen Abend nach Hause zurück.

Auf Fotopirsch beim Dachsbau

Die Sonne steht schon tief, als wir mit Kamera und Tarnzelt bepackt, beim Dachsbau ankommen. Die charakteristischen „Einfahrten“ zum Bau liegen vor uns im Schatten einer Terrasse, unterhalb einer kleinen Baumgruppe mit Hochsitz.
Die Eingänge des Dachsbaus ziehen sich über eine Strecke von zwanzig Metern. Der Umfang des dahinter liegenden Höhlenlabyrinths ist kaum abschätzbar, Wohnraum für ganze Sippen von Dachsen – und Untermieter anderer Raubtiergattungen, vor allem verschiedene Marderartige und der Fuchs. Im Bau herrscht eiserner Burgfriede. Dachsbaue werden über Jahrzehnte von Generation zu Generation ausgebaut.
Der Westwind weht unseren Duft weg vom Bau. Etwa zehn Meter entfernt legen wir uns am Wiesenhang auf die Lauer. Die Chancen, dem Dachs zu begegnen, steigen mit abnehmender Helligkeit – die auf verwacklungsfreie Fotos sinken.

Die Dorngrasmücke ist ein häufiger und besonders quirliger Heckenbewohner, bleibt aber stets hinter Zweigen verborgen. Am Abend verstummt sie als letzte. Tiefe Ruhe kehrt am Dachsbau ein – dann erscheint Meister Grimmbart.

Der Lohn für die Geduld: Das schöne und heimliche Tier fährt unvermittelt aus seiner Röhre aus – bei gerade noch genügend Licht. Der Dachs hält kurz inne, als er uns bemerkt, und hebt den Kopf für den entscheidenden Moment.

Am gegenüberliegenden Hang herrscht eifriger Betrieb: Geländewagen mit klappernden Anhängern bringen Holz aus dem Wald. Hunde bellen, Pferde stampfen und Menschen unterhalten sich. Die Geräusche werden wie in einem griechischen Theater herüber getragen. Erst als es mit dem Licht zum Fotografieren kritisch wird, lässt der Lärm nach. Amseln, Drosseln und Dorngrasmücken setzen zum Abendkonzert an. Unsere Knie schmerzen vom langen Kauern und Warten.
Dann hören wir Kratzgeräusche, alle zwanzig Sekunden. Sie kommen vom Dachsbau. Die Augen versuchen vergeblich, etwas im Dunkeln zu erkennen. Ein schleifendes Geräusch nähert sich – und wir sehen den Dachs, wie er in seinem Wechsel vom Bau ausfährt. Schräg vor uns hält er für einen Moment inne, bevor er in der Schwarzdornhecke verschwindet. Das wäre ein schönes Foto geworden.
Einige Tage später gelingt ein erstes Foto vom Hochsitz aus, nicht gerade aus der besten Perspektive. In den folgenden Tagen wiederholt sich die Szene am Bau: Kaum hat sich der Autofokus verabschiedet, erscheint der Dachs.

Nachtwanderung

Ein schöner Spätsommertag bei Freunden geht zu Ende. Draußen zieht die Nacht herauf. Die kühle Luft formt feinste Nebelschwaden über den Gärten und Wiesen. Höchste Zeit zu gehen. Wir verabschieden uns und machen uns zu Fuß auf den Weg. Die Bäume am Wegesrand treten sanft zurück und bilden im Mondlicht eine fahle Phalanx, die den Weg zu verschlingen droht und ihn doch immer wieder freigibt. Dahinter scheint der Wald uns mit tausend Augen zu beobachten. Uns wird bewusst, wie angespannt unsere Sinne sind: Ein uralter Instinkt hat sich unserer Logik bemächtigt und sich statt ihrer als Leitwolf eingesetzt.
Wie kommen wir gerade jetzt auf „Leitwolf"? Wölfe gibt es hier schon seit Jahrhunderten nicht mehr. Wir könnten auch an Tiger, Löwen oder Bären denken – die Wahrscheinlichkeit, einer dieser Kreaturen hier zu begegnen, wäre etwa

Wie auf einer Bühne werden wir von Mond und Nebel ins Rampenlicht getaucht.

Der schaurig heulende Ruf des Waldkauzes dringt aus dem tieferen Wald an unser Ohr.

gleich groß. Uns fröstelt. Wir stellen uns vor, welchen Gefahren die Wesen im Laufe einer Jahrmillionen andauernden Entwicklungsgeschichte ausgesetzt waren, wie sie mit diesen Gefahren umgingen und sich davor schützten.
Ein leuchtendes Augenpaar, das uns aus dem Dunkel heraus fixiert, das ist die Gemeinsamkeit aller Jäger. Aus dem Blickwinkel des Gejagten muss der sich anschleichende Jäger an diesem Augenpaar so schnell wie möglich identifiziert werden. Hierzu ist ein ständig aktives Scan-System und die innere Bereitschaft zur Suche nach den verräterischen Mustern nötig.
Und genau dieses System funktioniert bei uns immer noch sehr gut. Unser Gehirn erkennt die unvorteilhafte Situation: Nachts, der Sinne teilweise beraubt, auf dem Feld der Raubtiere wie auf dem Präsentierteller. Die Flucht- und Kampfhormone, Adrenalin und Noradrenalin bereiten den Körper auf eine Reaktion vor. Ein Gefühl von Angst und zugleich Aggressivität und Entschlossenheit stellt sich ein und koordiniert unser Verhalten. Um größer und furchteinflößender zu erscheinen, sträubt sich unser nicht mehr vorhandenes Fell: Ein Versuch, der jämmerlich mit Gänsehaut endet.
Langsam kehrt aber das Selbstvertrauen zurück. Wir werden eins mit dem Wald. Wir kennen, verstehen, ja wir lieben ihn und wir werden Teil der Phalanx, die uns vor kurzem noch so bedrohlich erschien. Nur drei Tage nach dieser nächtlichen Wanderung durch den Wald hören wir bei der Fahrt zur Arbeit, dass ein angefahrener Wolf gesichtet wurde. Er hatte sich aber wieder in die Wälder zurückgezogen, aus denen er so plötzlich aufgetaucht war.

Heimliche Waldgesellen

Tatsächlich siedeln sich Wolf und Luchs langsam wieder in größeren Waldgebieten Deutschlands an oder sie werden angesiedelt. Die Chance, ihnen in freier Wildbahn zu begegnen, ist allerdings sehr gering. Der Wolf ist auf große, zusammenhängende Waldgebiete angewiesen. Die Rudel besetzen Reviere von mehreren Quadratkilometern. In Deutschland finden wir Wolfsrudel in Brandenburg und

Nach einer Tragezeit von 63 Tagen wirft die Wölfin fünf bis acht Welpen. Sie werden zwei Monate gesäugt und noch ein Jahr lang von den Eltern geführt. Nach zwei bis drei Jahren verlassen sie die Familie.

Sachsen. Der Wolf frisst und reißt alles von der Maus bis zum Elch, auch Haustiere und Aas. Die Ranzzeit zieht sich von Dezember bis März. Nachts ist die Zeit vieler heimlicher Wesen. Nach und nach tauchen sie auf aus ihren Erd- und Baumhöhlen und machen sich auf den Weg: Wiesel, Iltis, Marder, Fuchs und Dachs. Das Abendessen wartet – oder eher das Frühstück? Den zurückgebliebenen Jungtieren im Bau knurrt der Magen.

Außerhalb der Fortpflanzungsperiode leben diese Raubtiere als Einzelgänger – eine Notwendigkeit, die sich aus dem Nahrungsangebot und der Größe ihrer Reviere ergibt. Bei Mäusen, Vögeln, Hasen und Aas überschneiden sich die Geschmäcker, ansonsten relativiert sich die Nahrungskonkurrenz zwischen den Arten. Unterschiede in Körper- und Reviergröße, Lebensraum und Jagdstil der Räuber haben Auswirkungen auf die Art der Beute.

Der Dachs ist am wenigsten wählerisch: Er ernährt sich von Regenwürmern, Früchten, Getreide, Pilzen, Insekten, Amphibien, Vogeleiern und toten Tieren. Er findet seine Nahrung ohne wilde Jagd am oder im Boden und räumt sozusagen den Wald auf. Der Speisezettel des Fuchses ist ähnlich. Allerdings bevorzugt er Mäuse und auch größere Tiere, besonders (Jung)-Hasen und Vögel. Sein im Vergleich zum Dachs „agilerer" Jagdstil erschließt ihm andere Beute.

Wiesel, Iltis und Marder sind stärker auf lebende Beute ausgerichtet, die sie sich ihrer Körpergröße entsprechend teilen. Außerdem jagen sie in unterschiedlichen Lebensräumen: Mauswiesel im Feld, Großes Wiesel an Waldrändern und Hecken, Steinmarder in menschlichen Siedlungen und Baummarder in den Baumkronen. Die Ranzzeit der heimlichen Gesellen findet hauptsächlich zwischen Januar und März statt. Dachse und andere Marder legen eine Keimruhe ein, damit trotz einer Entwicklungszeit von nur 60 Tagen die Geburt erst zum nächsten Frühjahrsbeginn stattfindet. Durch die ausgiebige Jungtierbetreuung ziehen unsere Raubsäuger meist nur einen Wurf pro Jahr auf.

Einwanderer und Rückkehrer

Aus Nordamerika wurde der Waschbär bei uns eingebürgert, der Marderhund wandert aus Russland ein. Keiner ist willkommen, denn beide sind extrem anpassungsfähig und verdrängen als Nahrungskonkurrenten die empfindlicheren, einheimischen Raubwildarten.

Der Waschbär ist ein geschickter Kletterer. Er verbringt die meiste Zeit auf Bäumen. Als wenig scheue Art dringt er auch in Städte und Wohngebiete vor. Dort findet man am Morgen geöffnete und geleerte Nistkästen und geplünderte Mülltonnen. Der Marderhund ist am Boden das Pendant zum Waschbar im Baum. Die Tragezeit beträgt bei beiden wie beim Hund 63 Tage. Die vier bis acht Jungen werden zwei Monate gesäugt und mehrere Monate geführt. Marderhunde führen eine Dauerehe.

Es geht auch eine Nummer größer. Braunbären kann man an wenigen Stellen Osteuropas und Italiens frei begegnen. Sollte sich ein Tier zu uns verirren, können wir seinen, meist unglücklichen Weg in der Presse verfolgen. Die Zahl der Luchse nimmt dank strenger Hegebedingungen in den deutschen Mittelgebirgen allmählich zu, so etwa im Bayrischen Wald, dem Harz und in Waldhessen. Nach einer Tragezeit von 72 Tagen werden zwei bis fünf Junge geboren. Sie werden fünf Monate gesäugt und ein Jahr lang geführt.

Wildkatzen sind weiter verbreitet und sehr heimlich. Sie fressen Mäuse und Vögel, reißen aber auch Hasen und Rehkitze. Sie lieben sonnige Hänge und mäusereiche Waldabschnitte. Wie beim Luchs liegt die Ranzzeit im Februar/März. Die Tragezeit beträgt 60 Tage. Drei bis fünf Jungen werden drei Monate gesäugt und nochmals vier Monate geführt, bevor sie selbstständig sind. Verpaarungen mit Hauskatzen sind möglich, doch die Nachkommen können unter den natürlichen Witterungsbedingungen kaum überleben.

Der Marderhund bevorzugt wasserreiche Landschaften mit Auwald und Feldflur und droht dort den Fuchs zu verdrängen. Den Tag verschläft er in Erdbauten. In der Nacht sucht er Insekten, Lurche, Kleinsäuger, Vogeleier und pflanzliche Kost.

Der Luchs lebt als Einzelgänger. Auf seinem Speiseplan stehen Nager, Hasen und Kaninchen, Rehe, Rotwildkälber, Vögel und Fallwild.

Zu guter Letzt

So schließt sich ein Kreis und ein neuer öffnet sich. Ein neues Jahr am Hof, in Feld und Flur und Wald liegt vor uns. Wir sind gespannt, was es für Überraschungen für uns bereithält.

Die Arbeit an unserem Buch, die Fotografie, das genauere Hinsehen, was die Natur zu bieten hat, hat sie uns noch näher gebracht. Nach und nach haben sich neue Erkenntnisse wie Puzzlesteine zusammengefügt und ergaben ein ganzes Bild. Zu sehen, wie sich die Natur in den letzten Jahrzehnten etwas erholt hat, alte Arten zurückgekehrt sind, hat uns erfreut. Die landschaftsfressenden Neubaugebiete, das damit verbundene Aussterben alter Ortskerne und die immer schwerer werdenden Bedingungen für Landwirte hingegen haben uns nachdenklich gemacht.

Während unseres Landlebens haben wir viele neue Menschen kennen- und schätzen gelernt: Da wären einmal unsere lieben Nachbarn in der Bachstraße, in deren Reihen wir uns absolut wohlfühlen und zum Anderen engagierte Leute des Heimat- und des Holz- und Technikmuseums unseres Wohnortes, in dem kulturelle Tätigkeiten und ein Dorfmiteinander großgeschrieben werden. Allen gilt unser Dank.

Ebenso den Vertretern des Hessischen Denkmalschutzes und der Probstei Johannisberg bei Fulda, die uns Hilfe leisteten, bei der Konzeption und Durchführung der Sanierung unseres Kulturdenkmals.

Ganz lieber Dank geht an Gitta und Rainer Seibert, unsere netten Schafnachbarn, für ihre immer freundliche Hilfe und die fröhlichen Tiere, wie die sandelnden und badenden Schweine, die wir auf ihrem Hof kennenlernen durften.

Danke Joachim Hepp, dass Du uns Einblicke in die Wildhege ermöglicht hast. Auf den nächsten Dachsbesuch freuen wir uns schon.

Ein besonderes Dankeschön geht an unsere Hofhüter Christina Lex und Tanja Peischl, denen wir immer gerne unsere Tiere anvertrauen, wenn wir auf Reisen gehen. Wohin? Na, aufs Land natürlich!

Danke an Frau Eva-Maria Götz, unserer schwäbischen Lektorin des Ulmer Verlages, mit der uns nicht nur der gemeinsame Dialekt verband, gell?

Und last but not least … ein besonderer Dank an unsere Hoftiere, allen voran der kauzigen Nelly, der singenden Lucy und der unbeschreiblichen Lone … sie haben den Stein vom Wunsch aufs Landleben mit ins Rollen gebracht und halten ihn ordentlich in Schwung.

Service

Zum Weiterlesen

Alan und Gill Bridgewater: **Lust auf Landleben.**
Verlag Eugen Ulmer, Stuttgart 2009.

Ulrich Daniel: **Kühe halten.**
Verlag Eugen Ulmer, Stuttgart 2011.

Britta Freith: **Unser Schaf- und Ziegenhof.**
Verlag Eugen Ulmer, Stuttgart 2009.

Gerhard Fischer, Hugo Rieder, Regina Kuhn, Fridhelm Volk: **Fotobuch Schafe.**
Verlag Eugen Ulmer, Stuttgart 2011.

Anne-Kathrin Gomringer: **Unsere ersten Hühner.**
Verlag Eugen Ulmer, Stuttgart 2012.

Rodolphe Grosléziat, Franck Boucourt: **Unser Garten ist Gold wert.**
Verlag Eugen Ulmer, Stuttgart 2012.

Michael Grashorn, Regina Kuhn, Fridhelm Volk: **Fotobuch Geflügel.**
Verlag Eugen Ulmer, Stuttgart 2006.

Michael Koch: **Traditionelles Arbeiten mit Pferden.**
Verlag Eugen Ulmer, Stuttgart 2012.

Andrea Kurschus: **Das Milchziegenbuch.**
Verlag Eugen Ulmer, Stuttgart 2012.

Franz Lampeitl: **Bienen halten.**
Verlag Eugen Ulmer, Stuttgart 2012.

Mario Ludwig: **Invasion – Wie fremde Tiere und Pflanzen unsere Welt erobern.**
Verlag Eugen Ulmer, Stuttgart 2010.

Beate und Leopold Peitz: **Schweine halten.**
Verlag Eugen Ulmer, Stuttgart 2007.

Beate und Leopold Peitz: **Hühner halten.**
Verlag Eugen Ulmer, Stuttgart 2012.

Hugo Rieder: **Schafe halten.**
Verlag Eugen Ulmer, Stuttgart 2010.

Hans Hinrich Sambraus: **Farbatlas Nutztierrassen.**
Verlag Eugen Ulmer, Stuttgart 2011.

Horst Schmidt, Rudi Proll: **Rassegeflügel kompakt.**
Verlag Eugen Ulmer, Stuttgart 2011.

Hans Späth, Otto Thume, Johann Georg Wenzler: **Ziegen halten.**
Verlag Eugen Ulmer, Stuttgart 2012.

Steinbachs Großer Tier- & Pflanzenführer.
Verlag Eugen Ulmer, Stuttgart 2012.

Adressen und Internet

Denkmalschutz

Die Propstei Johannesberg GmbH Fortbildung in **Denkmalpflege** und **Altbauerneuerung** ist eine Fortbildungseinrichtung für alle in diesem Bereich Tätige: **http://www.propstei-johannesberg.de.** Weitere umfassende Information beim Landesamt für Denkmalpflege in Wiesbaden: **http://www.denkmalpflege-hessen.de.**

Museen

Details zum „Leben auf dem Land" wie es früher war, zeigt das **Heimatmuseum** Wißmar: **http://www.gleiberger-land.de/index.php?id=68**
Interessantes aus **Forst, Sägebetrieb** und **Zimmerei** zeigt das Hessische Holztechnikmuseum: **http://www.holztechnikmuseum.de.**
Das **Freilichtmuseum** „Hessenpark" im Taunus zeigt die ländliche Entwicklung der letzten 400 Jahre. Auf einer Freifläche werden alle Aspekte des historischen Landlebens, einschließlich Fachwerk, Einrichtung, bäuerliches Leben und Nutztiere geboten, dazu ein reichhaltiges Angebot an lehrreichen Veranstaltungen: **http://www.hessenpark.de.** Weitere Freilichtmuseen in der Übersicht in Deutschland bietet **http://www.deutsche-museen.de/raus-in-museen.php.**

Wildparks

Wer heimische Wildtiere und Greifvögel beim Spaziergang hautnah erleben kann man im Wildpark „Alte Fasanerie" Klein Auheim bei Hanau: **http://www.erlebnis-wildpark.de,** oder im Wildpark Weilburg: **www.wildpark-weilburg.de.** Eine Übersicht über weitere Wildparks, Tiergärten und Zoos in Deutschland findet sich unter **http://www.zoo-infos.de.**

Hütehunde

Ziel der **Arbeitsgemeinschaft Border Collie Deutschland e.V.** ist es, den speziell für die Hütearbeit gezüchteten Hund als Gebrauchshund zu erhalten und zu fördern. Mehr auf **http://www.abcdev.de.**

Bildquellen

Titelfoto: Christine Reiner, Holzbrett: istockphoto / kryczka
Umschlagrückseite: Gerald und Christine Reiner (3), Papier: istockphoto / asimetric
Innenteil: Alle Fotos stammen von Gerald und Christine Reiner.
Icon Haus: Claudia Eder, Augsburg, Icon Baum: fotolia / zentilia,
Icon Vogel: istockphoto / Igor Djurovic

Register

Impressum

Bibliografische Information der Deutschen Nationalbibliothek
Die Deutsche Nationalbibliothek verzeichnet diese Publikation in der Deutschen Nationalbibliografie; detaillierte bibliografische Daten sind im Internet über http://dnb.d-nb.de abrufbar.

Wollgrasweg 41, 70599 Stuttgart (Hohenheim)
E-Mail: info@ulmer.de
Internet: www.ulmer.de
Lektorat: Dr. Eva-Maria Götz
Umschlagentwurf, Innenlayout und DTP: Freiraum K, Karen Neumeister, Stuttgart
Reproduktionen: Medienfabrik, Stuttgart
Druck und Bindung: Firmengruppe APPL, aprinta druck, Wemding
Printed in Germany

ISBN 978-3-8001-7761-5